选择了就必须承受结果

一日夫妻百日恩

多与成功者为伍

人不可

活着 可能

有时间就要读

只要你想，办法总是有的

话说好暖人心，话说坏惹祸端

老人言

吴成康◎编著

中国财富出版社

图书在版编目（CIP）数据

老人言／吴成康编著．—北京：中国财富出版社，2015.1
ISBN 978－7－5047－5501－8

Ⅰ.①老… Ⅱ.①吴… Ⅲ.①人生哲学—通俗读物 Ⅳ.①B821－49

中国版本图书馆 CIP 数据核字（2014）第 283319 号

策划编辑 张 娟 **责任印制** 何崇杭
责任编辑 张 娟 **责任校对** 梁 凡

出版发行	中国财富出版社		
社　　址	北京市丰台区南四环西路 188 号 5 区 20 楼	**邮政编码**	100070
电　　话	010－52227568（发行部）		010－52227588 转 307（总编室）
	010－68589540（读者服务部）		010－52227588 转 305（质检部）
网　　址	http://www.cfpress.com.cn		
经　　销	新华书店		
印　　刷	北京京都六环印刷厂		
书　　号	ISBN 978－7－5047－5501－8/B·0416		
开　　本	710mm×1000mm　1/16	**版　　次**	2015 年 1 月第 1 版
印　　张	16.75	**印　　次**	2015 年 1 月第 1 次印刷
字　　数	249 千字	**定　　价**	33.00 元

感悟人生，努力工作，珍惜生活，平安是福！

——谨将此书送给我的老伴

前 言

我原本是高校教师，后来成为大学的一名中层管理工作者。退休前曾想过，自己退休后干点什么事情呢？我是一个动脑筋的人，晚年尤其喜欢悟道哲理，喜欢看励志成功学方面的书籍和报纸杂志上的文章。平时我想到什么，亦爱写出感悟，每年都会有短文在报刊发表，于是决定将自己人生的经验和感兴趣的事情，包括自己喜欢的故事写出来。充实生活，这就是书稿的初衷，直到67岁时成就本书。

我们说人生有道，不用心者看热闹，有智者思门道。你的智慧除了在生活中获得经验、积累知识以外，通过阅读图书是获取知识、增加智慧最有效的方法了。对于好书，开卷有益，尤其对于看纸质图书，它能带给人们更大的思考空间。

说实话，一本书稿，断断续续几年时光，好事多磨，要做到内容上乘是很不容易的。退休后，我的生活充实，这本书就是我生活中的一角自留地，总结生活中的经验，播种心灵中的种子，用心耕耘它，那一篇篇倾注心血、文笔令我感到满意的篇章，如同收获的果实，总让人有一种幸福的成就感，仿佛又回到上班那努力工作、取得进步与成绩的时光。真是有所乐，有所为，甚至享受其中，让人陶醉。

期间让我感觉到，如今人们物质生活富裕，文化娱乐生活多彩，尤其信息通畅，但现实表明，生活中游移有浮躁之气，本来打拼事业是要靠自己的智慧，不能仅仅靠出卖体力和随波逐流，可是有人常常忽视这点。

随着计算机网络便捷、手机畅通，电视、电影随处可视……纸质图书被人冷落了，什么中外名著、科技图书，不想再去读它。书店、书城去得少了，许多人数年中几乎不买图书了。尤其便捷的网络搜索与浏览，极大

地冲击了人们对纸质图书的阅读需求。

关于本书，其实，在我刚退休时，骨架基本成型。那年刚巧女儿生宝宝，于是作为外公的我来到上海，带外孙女，直到她上幼儿园，我才有时间钻研它，丰富它的内涵。好在书稿关于才智的内容不过时，如铜镜越磨越亮，包括爱情主题，都是生活中永恒的内容。

好事多磨，几年的努力，今天全书终于完稿了，收获多多，还是那句话——人生有道，生活中充满智慧！

作者

2014 年 10 月

目 录

第一章

人生“三”境

1

治学三境界

学习、治学，几乎无人不知，其三境界的描述，最著名的当推我国近代享誉国内外的大学者、国学大师王国维先生在《人间词话》中所说：“古今之成大事业、大学问者，必经过三种境界”，他借用三首宋词中的名句把这三种境界依次形容为：

“昨夜西风凋碧树，独上高楼，望尽天涯路。”（晏殊《蝶恋花》）

“衣带渐宽终不悔，为伊消得人憔悴。”（柳永《蝶恋花》，亦名《凤栖梧》）

“众里寻他千百度，蓦然回首，那人却在灯火阑珊处。”（辛弃疾《青玉案－元夕》）

妙哉！此三境界（读书、苦干、功到自然成），寓意含蓄、高雅，文笔优美、幽默；品位之高，传道、授业、解惑，近百年来，受益者无数。

注：王国维简介。王国维（1877—1927 年），字静安，晚号观堂，浙江海宁人。1916 年后担任清华大学国学研究院教授。1927 年投颐和园中谐趣园的湖自杀。王国维学问广博，著书宏富，对于历史学、文学、哲学、美学都有深刻的研究，生前著作六十余种。

做人三“常”

人成年后，当铭记：常怀感恩之心，常念相助之人，常存思念之情，谓之三“常”。

常怀感恩之心，是要人学会感恩。感谢我们生活在好时代，感谢我们的国家，给人民带来幸福生活；感谢社会给了自己一个奋斗的大舞台，给每个人都提供了一个施展自身能力与才华的人生。感谢父母的养育之恩；感谢人民的培育之恩；感谢老师的教育之恩……吃水不忘掘井人。著名导演张艺谋早年出道时得益于原文化部黄镇部长惜才推荐，虽几费周折，他终被北京电影学院破格录取深造，否则我国就没有这位电影大家，人们也就看不到张艺谋导演的那么多好的影片了。张艺谋不忘恩人，在黄镇同志诞辰103周年，家乡安庆枞阳县黄镇图书馆开馆之际，他签名题字赠书《张艺谋的作业》以示祝贺，“当年如果没有黄镇部长的赏识和坚持，今天便没有一个叫张艺谋的电影导演。感恩他老人家，感恩时代!”，传为佳话。

上海足球运动的功臣、名教练，曾经的申花队主教练徐根宝先生，在2013年年末严寒的冬季，在上海崇明岛根宝足球基地，有一天，当一群新老弟子围在他身边，他备感高兴时曾深有感慨地说道：“当今社会，懂得感恩的人才有德，才能成功，在事业上才走得更远。”徐老，您是中国足球事业的开拓者与帅才，功德无量，作为球迷，感谢您！确实，你的经验和体会，让后辈铭记，正是这铿锵有力、富含哲理的名言——“懂得感恩的人，事业才能走得更远”！（见2013－12－29上海《新闻晚报》A－14

版，三天后此《新闻晚报》即关门停办）。

常念相助之人，就是不忘帮助过自己的人，尤其是在困难的时候帮助过自己的人。永远不能忘记他们，只要条件许可，就应该回报他们。比如计划经济时代有一句名言——“一分钱难倒英雄汉”，那时只要有人帮你一分钱，就会解决大问题，这定会让你牢记终生，不忘回报。

常存思念之情，人非木石，孰能无情？尤其游子远离父母，要时时思念他们，不忘养育之恩。骨肉情，夫妻情，兄妹情，同学情，战友情，手足情，亲情、友情、患难情……情浓于水，有情人方天长地久！

人生三情

其实此三“常”之道亦可引出人生三“情”，即人生有三“情”——亲情、友情与民情，这是67岁时我从3首唐诗中悟道出的体会，已思之多日，挥之不去。

说实话，我原本是学理科的，对唐诗毫无钻研，不要说万首，即便目前广泛流传的数百首经典唐诗，读过、思过的也有限，能背下来的充其量十余首。下面的这3首唐诗，我尽管早已熟读能背，这次还是听我6岁的外孙女在朗读时，才又勾起了我的思绪，算是突来灵感，悟道出人生有三“情”。

其一是亲情。

游子吟

（唐·孟郊）

慈母手中线，游子身上衣，
临行密密缝，意恐迟迟归。
谁言寸草心，报得三春晖。

此五言古诗的意思不必解释，说的是亲情。长辈、父母、子女等，亲人间有情义。其实今年我已进入67岁了，我的父母均已仙逝，他们二人1923年同年出生，爸爸活到84岁，妈妈活到90岁。今天我很想念二老。回忆往事，亲情历历在目，母子（女）情深，父爱如山，天底下没有父母不疼爱自己的子女的。可我们作为小辈，孝敬父母的亲情与行动不如父母亲关爱我们小辈的百分之一。

今天我很后悔孝敬我的父母做得很不够，尤其孝敬爸爸很不足。爸爸拿工资，他在世时，总说自己的钱够花，不要我给他买东西，他有钱想买什么就买什么，自由自在。爸爸爱吃花生米，一次请客吃饭，作为主宾的他突然拉开椅子，弯腰躬身在桌下寻找东西，大家不知何事，也都往桌下看，后来他捡起了自己掉下的一粒五香花生米，说“我爱吃花生米”，把大伙笑得喷饭。爸爸去世后，妈妈比爸爸多活6年，由于没有爸爸陪伴妈妈，我们3个子女照顾妈妈超过对待爸爸，尤其饮食上吃得花色更为丰富。这让我留下的遗憾更少一些。现如今，让我们再孝敬爸妈已经无法弥补了，他们二老已经去世。只是每次去爸妈墓地扫墓，我都不会忘记给爸妈贡上一袋花生米和一瓶高粱酒。这里我要将这个道理写出来，告诉身边的朋友们，以免今后别像我一样后悔。

大概这就是此诗深入人心，留在后人心中的亲情精神所在。

其二是友情。

赠汪伦

（唐·李白）

李白乘舟将欲行，忽闻岸上踏歌声。

桃花潭水深千尺，不及汪伦送我情。

此诗的意思大家也都懂，诗意描述的是友情。“桃花潭水深千尺，不及汪伦送我情”——朋友之情之深，言简意赅。诗句读后，谁人能不动情？古往今来，生活里人们离不开友情，一个孤家寡人，没有朋友的人是很难生活在这个世界上的，而每一个人一生中也一定得到过朋友的帮助。

回忆我自己，一生中有很多好朋友，我是一个爱帮助别人的人。上学时同学间有许多好友，工作后同事之间有好友，学习与工作互相帮助；当老师时有师生情，教书育人，结下友情；当管理者后与下属齐心合力完成工作任务，关心下属，尤其对于青年人不忘帮助他们，提携后人……这里要说的是，朋友之间的友情往往是不需要回报的，常见的情形是毫无及时回报。但是退休后，我却得到了许多朋友和同事的帮助，收到了很多回报。我退休后回到上海生活，而原工作的大学，每年总有一些事情要办，随着年龄增大，回去的次数越来越少，诸如报销药费、填写表格、看守房子、修理妈妈家漏水的管道等都是由我的学生、朋友、同事帮助办理。若干年后，我收到的回报真的是很多很多，应验了那句名言——送人玫瑰，手留余香。

其三是民情。

悯农（二）

（唐·李绅）

锄禾日当午，汗滴禾下土。

谁知盘中餐，粒粒皆辛苦。

此诗连幼儿园的小朋友都会背读，它的意思同样是人人皆知。此诗说的是民情。农民种粮食很辛苦，同样劳动者创造财富要付出辛劳，老百姓也好，当官的也好，都要体恤民情，不忘民情。我们在餐饮时，当节约食物，不浪费一粒饮食。如今国富民强，国泰民安，老百姓丰衣足食。但今天，也有一些人大吃二喝，饭店里请客时，点菜总是佳肴过度丰盛，以致吃不完造成浪费，很是可惜。浪费食物不应该，如今政府加大了宣传教育力度，老百姓中浪费现象已大为好转。

悯农（二），说种粮食辛苦，粮食来之不易，这是诗人的原意，这里我也把它用到了我的身上。退休后为了充实我的生活，我参加了社区老年学校的书法班，开始练习写毛笔字。如今毛笔字写得有长进，其中更有心得体会。练好、写好毛笔字如同种粮食，同样是很辛苦的。因此我大胆和唐·李绅诗人的悯农（二）诗，改写如下：“握笔日当午，汗滴桌上纸。谁知砚中墨，字字皆心力。”我知道，改此原诗，大不敬，敬请诗人先辈不计小我之无礼。

做事的三“然”

做事，如工作，研究，有三“然”之境，即“知其然，知其所以然，顺其自然”。这里“然”的含义是“如此，这样，那样”之意。所谓“知其然”就是发现和知道“如此，这样，那样”的现象与表现；“知其所以然”就是指进一步由现象与表现要知道其中的原因、道理、本质；所谓“顺其自然”就是按照客观规律去做事，按照自然界的法则去实践并解决问题、发展前进。简言之，从本质上看“知其然，知其所以然，顺其自然”即学习与做事要知道：是什么？为什么？怎么办？这样以来，你就容易成功了。

举个小例子。比如中国人生活在北半球，人们都知道气候是夏季热，冬季冷，这就是观察得出的现象，是“知其然”。那么，进一步问气候为什么是夏季热，冬季冷呢？有人说，如同火炉，靠得近就热。同样，因为夏季地球离太阳近，太阳辐射到地球的热量多，而冬季太阳离地球远，辐射到地球的热量少。这个解释是错误的！正确的道理是：因为地球绕着自己的南—北轴自转，即赤道平面与地球绕太阳公转的平面约有 23.5 度的夹角，其实地球距太阳的距离一年四季相差不大，只是夏季太阳光直射北半球，北半球得到的阳光多；而冬季太阳光斜射北半球，北半球得到的阳光少，因此北半球的气候夏季热，冬季冷。这就是关于北半球的气候夏季热，冬季冷的“知其所以然”。另外，如今全球气候变暖，这是人类影响自然界的结果，是二氧化碳过度向大气层排放引起的。怎么办？全人类已经都认识到，气候与环境变化的严重性，人们正在按照自然界的规律科学地去治理人类的社会生产与生活环境，合理利用能源，减少污染，改善自然，以实现可持续发展、和谐发展，这就是“顺其自然”。

最后须强调指出，三“然”境界中，第三然是“顺其自然”，不是“任其自然”。“顺”指按照、遵循、顺从自然规律、科学规律去办事，有主动与人定胜天之意；而“任”为放任自流，任意之，不管不问。好比种庄稼，“任”是将种子撒到地里后，任其生长，没有后期管理，那样也许杂草丛生，与庄稼竞争，收成可能很不好；而“顺”则是顺应规律去办事，既然是种庄稼，那就包含播种后的施肥、浇水、除草等田间管理，这样庄稼才有可能获得好的收成。

5

做人三境——“净”、“静”、“竞”

其一，净——意在做人干干净净，做事清清白白。以徽学说净，徽学博大精深。其中徽文化中，徽商中有丰厚的智慧底蕴。取皖南徽州民居分析，民谚总结为：“粉墙黛瓦马头墙，肥梁瘦柱小闺房，两进三间四水归堂”。徽州民居千年来沿袭至今，其“粉墙黛瓦”指的是建房屋均用白石灰刷外墙，房顶用黑色的瓦，此寓意经商与做人，干干净净，小葱拌豆腐——一清二白。徽商虽足迹山南海北遍天下，但一生诚实劳动赚钱，童叟无欺。

做人就要做诚信之人，这是做人的根本。否则，一个言而无信，一个不负责的人，终将要受到社会的谴责，以至做事包括人生将以失败而告终。

其二，静——意思指做人当胸怀宁静致远。静下心来踏踏实实地做学问，干工作，做人。人生切记不能浮躁，但凡急功近利、心存投机、目光短浅者，终成就不了大事业。俗语名言：“十年磨一剑”、“板凳要坐十年冷”，“面壁十年”等说的都是这个道理。

其三，竞——意思是指在人类社会中，永远存在着竞争，人类社会是在竞争中不断前进的。自然界的法则就是生命在于运动，物竞天择，适者生存，周而复始。人生在世，不要怕竞争，市场经济条件下，要自觉养成适应不怕考试、不怕面试、不怕比试、不怕测试、不怕排名次，量力、尽力而行。竞争有压力，变压力为动力，任何一位成功者，都可以说是同行竞争中的胜利者。是大树就参天笔直，是花朵就展苞怒放！竞争不要嫉妒，不宽容的嫉妒者鸡肠小肚。母鸡的理想不过一把谷糠，何有雄鹰展翅高飞的宽广胸怀！

6

人生三乐

人一辈子成长，学习、工作、休息，其间辛劳与享受、困难与顺利、付出与收获、快乐与烦恼、成功与失败，林林总总，概括之，人生有三乐：助人为乐，知足常乐，自得自乐。

其一，助人为乐。人的一生离不开社会，生活中不可能孤家寡人一个，每天总要与人打交道。有一句话说得好，人人为我，我为人人。因此，社会中人与人之间总要互相帮助。一个人能力有大小，包括财力、物力、体力、智力，但只要有一颗助人为乐之心，则一定能在行动上为社会做出自己的一份奉献。助人，从自身做起，从小事做起，莫以事小而不为；如方便别人，抬手投足，回答问话，助人在于力所能及，不苛求，不做作；养成想着别人，帮助别人，帮助困难者，帮助需要帮助者的良好习惯。许多伟人、名人，富翁，万贯家产者，他们的财富与智慧，取之于社会，用之于民；更有普通老百姓，不乏慈爱为怀，热衷于公益事业者。总之，助人为乐境界高！

另外，帮助别人，就等于帮助自己。送人玫瑰，手留余香。自己也能获得快乐！

其二，知足常乐。知足常乐，富含哲理。人一生奉献与索取，讲奉献当尽力而为，讲索取当君子爱财，取之有道。攀比之心，人皆有之，攀比的结果应该是激励自己努力奋斗，而不是心怀妒嫉，心生不满。人要学会感谢、感恩，最常说的两个字应该是“谢谢”。努力奋斗、拼博困难，虽然挫折、失败、收获、成功、喜悦，时时相伴，但事事知足常乐，不怨天不尤人，不得意忘形，才可能快乐一生！

去厦门游玩，参观鼓浪屿日光岩寺，获赠阅《感悟人生　智慧格言》迷你手册一本，第 9 页有 4 行话：“你骑马来我骑驴，看看眼前我不如；回头又见推车汉，比上不足下有余。”阅后让人对知足常乐又有新的感悟。

关于知足常乐境界更高、胸怀更广的论述当属中国原佛教协会会长赵朴初先生的《宽心谣》，列之如下，与您共享：

日出东海落西山，愁也一天，喜也一天。
遇事不钻牛角尖，人也舒坦，心也舒坦。
每月领取养老钱，多也喜欢，少也喜欢。
少荤多素日三餐，粗也香甜，细也香甜。
新旧衣服不挑拣，好也御寒，赖也御寒。
常与知己聊聊天，古也谈谈，今也谈谈。
内孙外孙同样看，儿也心欢，女也心欢。
全家老少互慰勉，贫也相安，富也相安。
早晚操劳勤锻炼，忙也乐观，闲也乐观。
心宽体健养天年，不是神仙，胜似神仙。

妙也，这岂不正是宽容大家的知足常乐吗?

其三，自得其乐。人生不过百年，生活中难免处处皆一帆风顺，常言道——不如意者常八九，甚至在某一时段会遇到大一些的困难。以人老为例，退休后，养老休息为主，再后来，一日三餐，无所事事，至耄耋老年，眼花耳聋，行动迟缓。人皆会老，这是自然规律，谁也不能逃脱。有时，偶尔甚至也会感到生活平淡无味，遇到这样的情形，或类似的困难怎么办？日子照样还要过，但绝不应悲观失望，去当戏称的“二等公民”，一等饭食，二等死。调整好自己心态，老年人也可以为社会量力发挥自己的余热，老有所为，自得其乐，这样做才可能乐在其中。

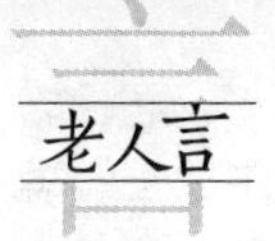

7

人生三部曲——“少”、“中”、“老”

德国诗人歌德，以一首小诗概括人生走向成熟与完美的经历：“少年，我爱你的美貌；壮年，我爱你的言谈；老年，我爱你的德行。”

中国诗人刘大白，曾赋诗一首赞美人生三部曲：“少年是艺术的，一件一件地创作；壮年是工程的，一座一座地建筑；老年是历史的，一页一页地翻阅。”

诗坛老将臧克家，写有一首小诗这样表现旧中国农民穷苦悲惨的生活：“儿子，在土里洗澡；父亲，在土里流汗；爷爷，在土里埋葬。”

女作家尤今，则通过三辈人对饮料的不同喜爱来反映现代生活：“儿子喜欢汽水，他只尝甜味；父亲爱喝咖啡，这里亦苦亦甜；爷爷要喝白开水，因为它极淡极淡，原汁原味。”

学者王鼎均，对人生三部曲更有其独特的体味：“上帝把幼小的我们给了父母，把青壮的我们给了国家社会，到了老年才把我们还给了我们自己。”

还有，关于错误——知错、认错、改错。

早晨 4 条腿，中午 2 条腿，晚上 3 条腿；等等。

妙哉！生活之道，耐人寻味，乃智慧之道！正是：日子天天过，生活有道道，生活中充满智慧。掌握并应用它，则生活就一定能过出好滋味。

第二章
说成败

1

什么叫成功

关于成功，现代汉语词典给出的释义是“获得预期的结果”。这是从结果上看，多数人都是这样理解的。但成功也可以从过程上看，即做事情你只要尽力而为就是一名成功者。

换言之，是大树就参天笔直，是花朵就展苞怒放；你有多大的能力，你就出多大的力，能挑50kg，就挑50kg。若你能挑50kg，有货也不愿意多挑，只愿意担20kg，那你就是一个失败者。

说具体点，人各不同，尽管“不想当将军的士兵不是好士兵”，但每个人都当上将军是不可能的，除了你的能力之外，还涉及许多因素，社会大环境、机遇、机会、条件等，过程中只要尽力而为，科学而为，你就是成功者。

怎样才能成功

这是一个不好回答的难题。从古至今，成功者比比皆是，每个人走过的道路各不相同，要说成功模式可能有万条，确实是仁者见仁智者见智。下面第二章将专门列例述之。

关于怎样才能成功，生活实践表明，成功的方法，成功学的核心就是六个字——学习、实践、创新。

学习包括上学学习、自学、继续教育。向老师（师傅）学，向书本学，在实践中学，向成功者学。“三人行，必有我师”，学习知识、经验、教训、智慧。过程中包括模仿与复制。

我们知道，学习有学习的方法，工作有工作的道道，做生意有生意经，各有门道，这些都离不开智慧。尽管做事的过程中涉及的因素多，范围广，有时似乎摸不到规律，但是实际上，它肯定有可以让人掌握的规律，按规律办事，成功就会是一种必然的现象。其中包括复制，可以成功，如火柴点火，普通的火焰在燃烧物、氧气、燃点及以上温度（火种）三者条件俱备时必然会出现；模仿，也可以成功，如学习写字和书法就是始于模仿；今天遍布全国的沙县小吃店，福建千里香馄饨店走的都是模仿和复制的成功经营模式。

成功离不开实践，空想和说空话肯定是不行的。实践过程中，成功的最高境界一定少不了创新。创新者，都会有大成功。使用已经证明了的、行之有效的方法，是实践的捷径。

生活中，成功是人们希望的结果。今天研究、总结成功的规律已经上升到成功学的高度，人们已经将其原理应用于学习、工作、生活、创业与实践。

智慧与成功相伴！思考成败，最初、最早，人们是研究名人的成功规律，并从研究大企业家、大富翁如何赚钱致富开始的。因此早就有人说这是一门“铸造富豪”的学问。今天看来，探讨成功是一门更广泛意义上的、涉及人生成功的科学，与许多经典的学科相比，同样这是一门发展中的学科。近年来，尤其在市场经济条件下，生活中关注成功，智慧做事，更受到青年人的青睐，同时在社会上也得到各层次人士的推崇，受益者无数。

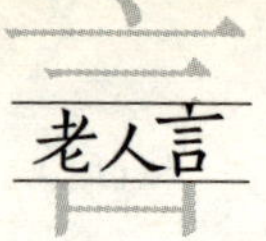

说失败

失败是成功的反面，说成功不能不提失败。就具体事务而言，失败有多种，生意上的失败、工作上的失败、事业上的失败、身体健康上的失败、守法上的失败、婚姻家庭上的失败等。

我们说失败有两大类，一类失败为无可挽回，比如人死不能复生；另一类则是做事情多数情形下失败了还可以从头再来。

说后者，以婚姻家庭为例，因一方不负责任，造成夫妻情感危机，至家破所造成的创伤，将是人之一生中最大的失败之一。因为它能给人的心灵造成极大伤害，甚至有时是很难治愈的。但只要是负责任的人，家庭都可以做到和谐幸福。

做事谁不希望成功？可往往难免会有失败，但生活中做事情多数情形下的失败，甚至包括事业，却往往都可以重新再来，反败为胜，重获成功，实例不胜枚举。从这个意义上说，失败并不可怕，人生要有接纳失败的胸怀。失败是成功之母，失败只是暂时没有成功，胜败乃兵家常事，容忍失败而后赢！

第三章

智慧做人，少留遗憾

1

智慧做人，少留遗憾

生活中，智慧做人，就能少留遗憾。从做事结果的成败、有无遗憾上看，概括说大概有三种情况——没有遗憾，有遗憾，终生遗憾。一般说，因为小事情简单，做起来结果比较完美，故可能事后没有遗憾；中事情、大事情过后，分析结果的成败，总会留有遗憾，那是因为过程中总有经验教训让人可以总结。如一部电影拍摄完成上映之后，无论多么大牌的导演也会有遗憾之处，对于那些不满意，他会总结经验，以利以后。对于学生，当一门功课考试结束，只要不是满分，他一定也会觉得有遗憾之处。更有，当大学毕业之后，问高中或大学几年中有无遗憾之事，他一定会说——有，而且较大的遗憾事可能还不止一件。更有一极端的实例，某人结婚生子之后，因家庭矛盾打官司，闹离婚，友人问他的真实想法，他竟说："这辈子我最大的遗憾是不应该和她结婚，可现在孩子都有了……"事实上，后悔有什么用，这世上原本就没有卖后悔药的。早知如此，何必当初？那是因为，那个时候你的智慧不够所至。

生活中怎样做，事后才能少留遗憾呢（少到零，即是无遗憾）？大概有三步：即事前充分思考、论证与准备；事中正确操作；事后认真总结，吸取经验与教训。这样，在生活中人们才会变得越来越聪明。

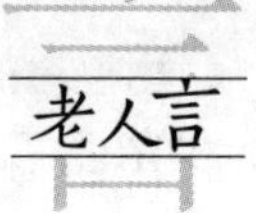

努力过才不遗憾

有位男性大学教师结合自身的体会，早年曾给什么是大学生下过一个冗长的定义——早晨和下午课外活动都在操场体育锻炼，除去合理的休息时间，其余的时光都花在刻苦学习上；每天只有一个感觉，那就是饿……这是他自己的感悟。细想一下，这话有它一定的道理。早晚锻炼是为了保持头脑清醒；主要时间都花在学习上（而不是谈对象、下饭馆、过网聊瘾）；用脑筋的人消耗的能量多，自然感觉饿得快。任何一个德智体全面发展的学生，其实他都是干出来的；尤其坚持不懈地努力学习，并不是一件容易的事，而知识、智慧恰恰来自于积累。对于少数沉湎于谈对象、下饭馆、过网瘾，浪费大好学习时光的学生，他们的学习成绩绝不可能名列前茅。我们说后者是不智慧的，聪明的学生总是努力学习，惜时如金。

选择了就必须承受结果

某著名女演员，人长得漂亮，演技一流，深得观众喜爱。某著名离婚男演员追她，他们结婚了。30多岁，她只顾演艺事业与玩乐。那时候，她不要孩子，转眼人过40，又到45岁，年龄一天天变大，虽功成名就，但一心想要孩子了，不知什么原因，此时她却怎么也怀不上。生不出孩子，就没有自己亲生的孩子，这是她心中至今挥之不去的心结。难言之隐，面对媒体，她也曾流露过后悔之意，此乃自己的一大憾事。自然，这是她早先的决策所致，如今她明白了这个道理，可机会没有了，而且无法补救。这是一个典型的例子，正是生活中，智慧决定成败。机不可失，时不再来，因为几年前你的选择，其实，结果早在那时就基本上决定了。

4

小事中也有智慧

做大事靠智慧，做小事也同样如此，衣食住行等，一切皆有最佳道道。以家庭生活为例，如何安全驾车？怎样布置房间有利于身心健康？如何安全用电？怎样减少电器的使用故障？蔬菜、主食如何搭配烹饪保证饮食健康？如何用水，下水道不堵塞？如何安全使用燃气？进不了家门，锁钥匙如何不丢失或不忘家中？弹子锁钥匙插拔艰涩怎么办？车子如何不失窃？出门时随身钱包如何不被盗？……其实，这些看似小事情做起来都有技巧，都与智慧有关。写稿时，起身随手拉上窗帘，这让我触景生情，想起它的往事。这窗帘多年前原本是商家上门安装的，固定上面的导轨沟槽内有多个可移动的滑轮钩住窗帘布，可能是使用频繁，加之年久，之后个别移动的滑轮经常会从导轨沟槽内掉下来，令人烦恼。此小事，怎么办？亦促人想办法，后用土法，左右铁钉上紧拉一根铁丝，窗帘布用带钩的圆环直接套在其上。此法、此物使用至今，灵活方便，窗帘清洗也拆卸自如，先前的毛病再也不曾出现过。可见，往往复杂的并不一定就是最好的，有时可能简单就是美！

知道不如做到

知道即学习，做到即实践。人们通过学习，掌握、了解知识、道理、规律、规定等。现实中，仅仅知道是不够的，也有人往往是知道不一定做到，实际上，道理千条，确实是做到比知道更重要。

关于做到，往往不少人知道它是正确的，但常常又不一定能做到。如：目标如一；“拳不离手、曲不离口”；熟能生巧；一诺千金；一分为二；不耻下问；集腋成裘；有容乃大；勤俭持家；“拔苗助长”；“龟兔赛跑”；等等。我们说，生活中若你每件小事都做好了，每一小步都走好了，则整体、大事就会少失败、多成功！这正是，知道做到，做到比知道更重要。

以城市的交通安全为例。交通法规要求，“红灯停、绿灯行”，“不乱穿马路”，“喝酒后不开车，开车前不喝酒”，可事实表明，城市的交通事故很多都是由违反此3条所致。其实，遵守交通法规就是智慧之举。著名音乐人高晓松酒驾致刑的实例将作为全书的结束语。

学习，工作，娱乐休息，衣食住行，尽管生活丰富多彩，但常言道——人生之事，不如意者常八九。知道此，与其靠发火、吵架、摔东西解决问题，不如平心静气，利用自己的智慧去化解矛盾，实现初衷。

这些正说明生活中处处有智慧。

另外，在生活中，也有不少人不重视有目的的掌握道理，往往是靠碰了钉子，遭失败，甚至靠被动地、默默无闻地总结与积累经验，来提高自己的才智。也有人觉得才智、聪明是天生、遗传为主，把别人的成功归结于偶然和机遇。极端者和迷信的人甚至拿宿命论说事，觉得成功的人，是命运的安排与青睐，只注重结果，对怎么成功的不去思考。这样难有作为。事实上成功者都是有方法、有学问的，只不过他们的方法别人不一定都知道。成功真的有道，但成功也并不神秘！

坚持多读书吧，开卷有益。知道、做到，先知道、再做到，这就会让人变得更加聪明与智慧。

再让三尺又何妨

有句谚语说得好：“宽容是送给朋友的最好礼物”。所谓宽容即是宽大有气量，简言之肚量大一些。

说宽容，老百姓中有一句名言：宰相肚里能撑船，这里就先品味百年来流传于民间的那个著名的六尺巷的故事吧。

清朝时期，宰相张廷玉与一位姓叶的侍郎都是安徽桐城人。两家毗邻而居，都要起房造屋，为争地皮，发生了争执。张老夫人便修书北京，要张宰相出面干预。这位宰相到底肚量大，见识不凡，看罢来信，立即作诗劝导老夫人：“千里家书只为墙，再让三尺又何妨？万里长城今犹在，不见当年秦始皇。”张母见书明理，立即把墙主动退后三尺。叶家见此情景，深感惭愧，也马上学习邻居把墙让后三尺。这样，张叶两家的院墙之间，就形成了六尺宽的巷道，成了今日仍在的有名的“六尺巷”。张廷玉失去的是祖传的几分宅基地，但这宽容之道，换来的确是邻里和睦及流芳百世的美名。

第四章

最重的誓约

1

一日夫妻百日恩

人之一生，最重的誓约，最大的承诺之一，莫过于选择婚姻，就是把自己交给对方，组成家庭，生儿育女。但在生活中，有人，放弃责任，致使家庭破裂，夫妻离婚，中途散伙，结婚时的信誓旦旦抛掷九霄云外。离婚后怎么办？再婚？单身到底？还是复婚？

20多年前，军和慧是西南一所大学的同班同学，军是校学生会主席、班级团支部书记，慧是班长。军是个早熟的大男孩，德才兼备；还是校男篮球队的队长，球场上的一员骁将。慧有大家闺秀之气质，聪慧漂亮，尤其她思维敏捷，口才一流。二人所在的班是学校里最牛的班，“名声显赫”——校围棋赛团体冠军，校篮球赛冠军，大学生班级辩论赛冠军，数学建模竞赛集体一等奖，以至于到大四毕业那年，在大学生中几乎全校无人不知那个最牛的班以及军和慧的大名。当然，工作、学习上的默契配合、互相帮助，成绩优秀，军和慧自然成为好朋友，二人成为令人羡慕的天生一对。毕业前，他们的对象关系就已经得到双方家长的认可。

一晃四年愉快的大学生活结束了。军和慧分配到成都的一家大企业上班，第二年结婚，第三年爱情结果，生了一个儿子，宝贝儿子的降生，给原本幸福的小日子又增加了新的甜蜜。这时慧的妈妈退休了，姥姥专程从老家来成都给小两口带孩子。不久企业效益下滑，思路活跃的军和媳妇商议，决定军停薪留职，干脆到母校所在地省会去闯荡一番，那里同学、亲戚、熟人多，关系多。孩子小，慧暂时留守成都。心有灵犀一点通，聪明的小两口一拍即合，说干就干，于是军真的办了停薪留职，重新来到自己读大学的那个省城拼搏，很快他就找到一家外资公司，开始上班。凭着晓军的能力，工作很快打开局面。一年后军升任部门经理，薪水自然比原来高得多。

这小两口过日子，原本住在一起，被窝里热热乎乎，有事商量，生活甜蜜。分开后头两年二人牵挂思念之心还比较强烈，到了三四年之后，不知怎么回事，也许各自忙于自己的工作，两口子之间的感情似乎出现了一些淡淡的疏远。慧和她的妈妈感到军回成都的次数比原来少了，没有媳妇在身边，这男人能熬得住寂寞吗？一段时间来，街上流行“男人有钱就变坏，女人变坏就有钱”的说法，莫非军在昆明有了相好的？

猜疑是矛盾的开头。慢慢地，军也听到了慧和岳母对他的指责，可他有口也说不清。据说，军公司里有一位新来上班不久、年轻漂亮的女大学生很喜欢他，二人关系有点暧昧。说来事巧，一次军下班后，走在大厅里拾到一个信封，里面装有5000元现金和一张中药方，缴到保卫部后，原来找到的失主就是那位年轻漂亮的女大学生。尤其那张中药方，十分珍贵，是女同事费尽千辛万苦，从一位知名中医教授那里求来的，那是治她妈妈腿关节疼痛、消除骨刺的特效验方。这一下好了，军更受到女同事的敬佩。至于二人的关系到底发展到哪一步，天知地知，你知我知，只有他们两个人知道。但有一点可以肯定，女大学生同事至今仍没有结婚。

再说成都慧和她妈那边，既然感觉到两口子生活已经有些不协调，儿子就要上小学了，于是慧决定辞职，寻夫举家南迁省会。疙瘩出现了，尽管全家生活在一起，可矛盾、误会并没有消除，加之丈母娘难免也有自己的看法，弄到后来，军和慧夫妻分居，再后来，二人终于离婚了，孩子跟妈妈。也有不少同学、朋友做和事佬，劝二人复婚，无果。后来，慧公司的老总也是离婚之人，老总人品不错，有一儿子，老总追慧，慧想这老少三个人过日子，总不是一个办法，愿意与他成立新家。为此慧和她妈再次找到军，为了孩子有一个完整的家，谈复婚，如不能复婚，则慧将二次结婚。终于，复婚的事没有谈妥。后来，慧就与她公司的老总结了婚。

新的家庭又会有新的矛盾，主要是两个孩子处不来。孩子之间的捣蛋，让慧心里十分痛苦。这继母可不好当呢！

人到中年，可日子仍在将就着过，慧的家中，每个人心里都有一些不愉快。不知为什么，军也没有结婚，过得还是一人吃饱全家不饿的生活。

慧的儿子考上了重点高中，作为奖励，妈妈带他去黄果树景区游览。真是无巧不成书，那天正好军陪客人也游览黄果树，天公撮合，一家三人在游览的景区相见，久违了的温馨，儿子可以同时叫爸爸与妈妈。军还专门给慧买了一盒她最爱吃的绿豆糕，一个小小的细节，由小见大，温馨之劳，于无声处藏惊雷！时间是智慧老人，她包容一切。当然，时间也能愈合伤口。是慈祥的时间老人把他们又带回到幸福的大学时代，带回到婚后家庭甜蜜温馨生活的日子里。到后来，在月老的安排下，二人终又破镜重圆——复婚。这不，幸福的生活又从头开始，从头再来。

说不清，道不明，清官难断家务事。这两口过日子，难免有矛盾，甚至吵架，但不能一生气就闹离婚，否则，一个家庭一辈子几十年岂不都要离婚?

想到蒙古族歌唱家腾格尔的名曲《天堂》，词好，唱得动情，挥之不去，“……我的家，我的天堂……”。正如俗话，金窝银窝不如自家的草窝，大小同理。家是一团篝火，家人围坐抱团取暖。不是吗，退一步说，寒舍虽破能避雨，粗茶淡饭能果腹，享受“草窝”舒适的味道，那就是自家的天堂！

一日夫妻百日恩，风雨同舟，患难与共，这患难夫妻百之九九还是原汁、原味、原配的好。为了孩子有一个完整、幸福的家还是复婚好。

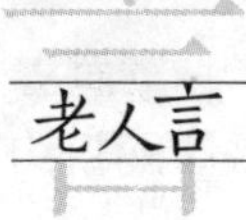

2

出轨容易收场难

托尔斯泰的名著《安娜·卡列尼娜》开篇名句“幸福的家庭都是相似的，不幸的家庭各有各的不幸”，让人过目不忘。

总结分析近年来夫妻间的情感现状，一些家庭中，尤其青年夫妻中出现的问题较原来多了。如婚外情及性格不合等致夫妻间出现危机，直至家庭破裂者远超从前。2012 年 11 月 11 日的上海《新闻晚报》法制周刊（A1－16 版）说：“民政局的一份数据显示，全国离婚率逐年上升，2011 年全国有 287 万余对夫妻离婚，而上海的离婚率以 38% 和 39% 的数字，连续两年居于全国第二，仅次于北京”。

问题出在哪儿？经济发展，有钱了，不愁吃穿，当防“饱暖思淫欲”。一度街上流行：外面彩旗飘飘，家里红旗不倒。若丈夫放松警惕，松懈责任，在外面吃喝玩乐婚外情，至搞女人、养情妇，妻子知道后这个家庭一定过不好。若妻子红杏出墙，在外面当情人，当第三者，或养小白脸，丈夫知道后则这个家庭也一定过不好。当然，亦有“七年之痒”，小痛小作，或因性格差异引起的感情危机，但只要夫妻负责任，二人齐心合力，是容易渡过难关的，这应另当别论。

一开始，萌芽状态下的婚外情你可能并未把它当作一回事，由于放松警惕，松懈责任，易于失足。那时若意识到问题，应果断悬崖勒马，一旦发展下去，如同细菌发酵一般，即使美味佳肴也终会变质。

某男被家人无意中得知，他与有业务来往的女性有婚外情，并发生过性行为，出轨了。事情出来了，免不了小两口要吵架。一年后这对小夫妻协议离婚，卧室床头墙上3尺大的甜蜜结婚照黯然下岗，男子净身出门，留下了女儿由妈妈带。

婚姻家庭是人生大事，一定要慎重对待，尽可能多地掌握这方面的道理。选择对象，结婚成家，这是人一生中的最大承诺！它不同于做一般的事情，失败了，总结经验可以再来，而婚姻的经验常难于及时总结，当孩子出生后，再后悔，也是回不到母体里去的。早知如此，何必当初？故婚姻家庭绝不可当儿戏，否则随着时光流逝，定一失足成千古恨！

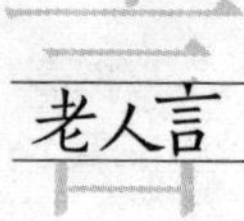

过日子最重要的是责任心

原本爱情、婚姻、夫妻、家庭都是自私的，专一的，容不得三心二意，容不得脚踩两只船。借喻穿鞋，尽管鞋穿在脚上舒不舒服只有脚知道，穿新皮鞋总会感到有些挤脚，但会越穿越舒服；另外谁的鞋子谁穿，绝不混穿。当然，鞋子实在不合脚，只好更换，这如同夫妻离婚。只是鞋子穿旧了，自然要甩掉，而夫妻却不能因为老来而离婚。

一个家庭，只有夫妻双方都是负责任的人，对双方父母负责，对儿女负责，对工作负责，一切负责，则这个家庭就能过好生活。否则夫妻二人只要有一个人不想把日子过好，则这个家庭的日子就过不好。和谐的家庭生活是要夫妻共同呵护和经营的，如同一棵小树，离不开阳光雨露滋润，长成亦需十几年、几十年，可是若要伤害它，只需几刀就能摧毁它。

我们说谈对象时，二人卿卿我我，亲亲热热，可以浪漫今宵。因爱而婚，尤其当有了孩子后，那是要实实在在过日子的。米面油盐、奶粉尿布，吃喝拉撒，挣钱养家，加之年龄也一天天变大，这过日子与谈对象时的生活一定是不同的。若过日子时再一味地追求不负责任的浪漫情侣生活肯定是不现实的。

男人在外打拼事业是不容易的，但若不检点，饱暖思淫欲，寻花问柳，养情妇，尽管野花可能比家花香，结果总是这男人舒坦一时，受苦后半世。若妻子红杏出墙，当小三，待青春逝去，人老珠黄，则心灵痛苦，今后也会过苦日子。这结果都是自己对自己不负责任，自作自受所致。

我们说，不搞这龌龊之事，自己的生活同样也会过得充实——精力花在事业上、工作上，多陪伴自己的父母，多陪伴自己的小家庭，仅这些就足以让人有做不完的有成就感、有幸福感的事情了。

4

离婚不是儿戏

要认识到离婚问题的严重性是很不容易的。甚至有可能要到几十年后，到老年时方明白这个道理。当三思、四思、五思而行吧，否则到老来真的要吃苦，后悔晚矣！

夫妻斗嘴离婚，如同两虎相斗，不是必有一伤，而是两败俱伤，可以说没有赢家，而且作为弱者的女方受到的创伤往往更多。

当然，生活中，妻子要尽可能地温柔、随和一些，不要太强势；不当母老虎，要当慈老虎，少“河东狮吼”。胡搅蛮缠能把另一方“推”向离婚的边缘，直至推出家门。

当发现丈夫可能有外遇时，一定要冷静处理，“一哭、二闹、三上吊”绝不是上策。解决这一问题，是要靠你的智慧，总能想到一个较为妥当的处理办法。另外，当丈夫功成名就，赚钱多多时，不要翘尾巴，歧视弱势的妻子，甚至视为“糟糠”，另寻新欢，那是小人之举。

大学者、一代名人、新文化运动的倡导者胡适先生，因家母之命、媒妁之言竟娶仅读了几年私塾，初通文字的乡村小脚女人江冬秀为妻，从一而终，传为佳话。

一日夫妻百日恩，万不可三天一小吵，五天一大吵，提倡宽容持家；既为患难夫妻，同甘共苦，结婚时的誓约、承诺当是最重的，言必信、行必果，白头偕老为上策。

奉劝自私而闹离婚者，其实家庭破裂，最大的受害者是孩子，大人间的错，让无辜的孩子埋单，这不合理。人不能不如鸟，连鸟爸鸟妈都知道会共同呵护哺育幼雏。忍一忍吧！你的离婚，会给孩子心灵造成巨大的创伤，尤其婴幼儿，他（她）们日后的成长真的是太可怜了，请尽可能给孩子最小的伤害吧！

维护一夫一妻制的尊严，只要夫妻和谐，其心理和生理上的性生活就能美满。讨伐贻害无穷的性混乱，这里要说通奸绝不简单的是道德层面的问题，建议上升到违法的层面来看待。

想到早年报载路边一家小饭店的墙上贴出的“司机之歌”，既幽默又有教育意义，以为写得不错，忘了原词，重编如下：出门在外老婆有交代，稳开车不跑快；少喝酒多吃菜；不惹事多自爱；见了女人不能爱，路边的野花不要采；家有娇妻儿女在等待！

我以为，对于患难夫妻，还是不离婚好；即使离婚了也要尽可能复婚；尤其有孩子的牵挂更是复婚好；总之原装原配的好，原汁原味。请让结婚照尽早重新挂上墙，回到它原来的温馨位置吧！

最后，送给夫妻朋友们这句话，善待并珍惜自己的家庭吧，祝愿全天下的家庭和谐、幸福、美满！

老伴四“好”

说说作者与老伴间的宽容，也许对生活有一定的启示。

我大老伴1岁，二人都快到孔圣人“七十从心所欲不逾矩”的年龄。前不久看到上海《新民晚报》(2014－2－22)，A5版的一篇报道，介绍华东师范大学社会科学部副教授洪亚非开设《爱情与婚姻的艺术》选修课大受学生欢迎。读过此文后，让我思考，难于忘怀。文中洪老师收录的一条经典语录：“请你记住婚后的两条原则：一、老婆永远是对的；二、如果你觉得老婆错了，请参照第一条。”读后让我暗自大笑，由于自结婚37年来这婚后的第一条我未能完全做到，让人颇有感触。家庭是社会的细胞，家庭和谐，有利于社会稳定。想到自己的老伴，好人一个，促我想到宽容，提笔笑说她的四好。

缘分使然，1977年的我，一个生长在北方的大小伙子，居然和相隔千里之外的大上海姑娘，一个下放安徽的知青结了婚，她就是我现在从一的老伴，一个好老伴，这是第一好。后来我们有了女儿，而且至今是独生女儿，我老伴她又成为好妈妈，这是第二好。再后来，我们的宝贝独生女儿又生了女儿，而且至今也是独生女儿，这样我老伴又升格成为外婆，一个世界上最尽职、最好的外婆，这是第三好。在岳父母家，我老伴弟妹四人，她是老大，良好的家教和生活环境的磨难，使她成为父母心中最懂事的好女儿，这是第四好。日月如梭，转眼我与老伴结婚快40年，感恩我们的国家，我以为今生自己不曾虚度，事业有成，生活幸福。

老伴是大学教师，平时刻苦钻研业务，工作努力，曾多次被评为优秀教师，这不多说。回到生活，婚后那年头，我们不富裕，尽管我和她都大学毕业，当时又在同一所高校的物理系任教，但每人每月只有 36 元的工资。不要说结婚时因经济紧张，我们没有办一桌酒席，每个同事仅发一袋喜糖，婚后我省一年也未买下一块手表（当时，上海牌，120 元，还要票），后来还是岳父送我一只表。虽然经济拮据，但老伴会安排生活，勤劳持家。早年我和女儿的穿衣都是她裁剪缝纫，她是一个心灵手巧的主妇。至今我都是一个衣盲——衣服尺寸盲人，说不清自己的胸围、腰围，仅知“L”是大号（Large），“XL”比“L”的大，“XXL”又比“XL”的大。结婚前是妈妈给我备衣，婚后是老伴给我备衣，至今基本上我不曾买过一件衣服，连鞋袜、鞋垫都是老伴操持。仅从这点来看我过得多么潇洒。尽管我工作、业务有成，后来还曾进入学校的中层管理岗位，但我也知道自己缺点多多，尤其牛脾气，气硬性急。生活中由于一人一个脑袋，性格及南北文化的差异，思路不同，我们夫妻做事亦时有不同观点，甚至争论，可谓“矛盾不断”。比如她爱清洁，总嫌我饭后碗筷洗得快，油腻还在上面；衣服也没有她洗得干净，甚至有一次她把我洗过的衣物又重洗一遍，以致我们发生争执，争论时我说干净是相对的，以水为净，后来干脆说眼不见为净，把她气个半死，曾经几天不理睬我。以后凡是晚饭后的碗筷干脆不让我洗，她的衣服她自己洗，我倒落得清闲一些。在家里几十年来，似乎家中的大事和小事她管，中事和外事（跑腿的事）都是我来办。比如家里买房子升了值，就是她的功劳。当然她管小事，她也管我，我常嫌她啰唆，不服管，如上述的卫生之争，要我少说方言土话，纠正我不标准的普通话，不要我买便宜的菜、反季节菜，不要在地摊上买便宜的“垃圾”货，不让我骑自行车（为安全）……过日子中我们虽“矛盾重重”，但却能相伴到老，这其中的润滑剂离不开宽容二字，有此今生，我说她是我的好老伴。

再说她是一个好妈妈，本来天底下母爱最伟大，母性的力量无与伦比，可她在细节上做得却是更好。比如女儿小时候，平时只要她的头一贴近孩子的额头，便知道宝宝发不发烧，生病了没有，比量体温都灵。她带女儿学钢琴，自己居然也学会了五线谱，能弹得来一些简单的曲目。女儿上高中时，寒冬腊月我怕冷赖床，都是她早起床给女儿做饭。平时也是她给女儿补课，女儿高中毕业时，是她操心为女儿选专业学会计，她说学会计、好就业，哪个单位不要会计？如今这个专业正是我女儿的饭碗子。女儿结婚前要买房，她毫不犹豫，东奔西跑辛苦看房，尤其及时果断拿出20万元补贴房款，如今这套百平方米的房子升值3倍！一件件的小事，你看，我女儿的妈妈既平凡又伟大吧，一个好妈妈！

2008年，我女儿的女儿出生了，本来我们老两口和宝宝的爷爷奶奶4位退休老人两两轮流带孩子，后来宝宝的奶奶生病，宝宝两岁半后就由我们老两口带。老伴有极好的教师功底，她在带孩子的同时，寓教于乐，开发小孩的智力，2岁多时，她说可以教宝宝认字了，正是启蒙认字的好时候，三岁前外孙女已能认约500个汉字。如今外孙女快6岁，能认约2千个常用字，幼儿园大班教会拼音后，能独立阅读一般的童话、寓言幼儿图书；还会做100内的加减法；学英语，能说上海话、普通话；讲故事；学画画；学跳舞……前不久宝宝拉肚子，肚子又痛，肚子又饿，医生让孩子少吃多餐。一次我问宝宝感觉如何，小家伙说：我的肚子疼掩盖了肚子饿。“掩盖”一词的应用，让我这当大学教师的外公大感意外，刮目相看。如今的孩子比我们小时候聪明多了。宝宝的健康成长，其聪慧中不乏外婆的功劳，劳苦功高！我们问宝宝家里人谁最好，她说：妈妈第一好，外婆第二好，爸爸第三好……外公最后一好，乐得我老汉哈哈大笑，认了，认了！甘当老末。外婆确实是当之无愧的好外婆！

最后要说说我老伴作为她妈妈的女儿，也是一个好女儿。只举一例。“文化大革命”后期，我老伴和她小妹妹一起下放到安徽农村插队，成为下乡知青，生活的艰苦自不必说。后来她被推荐上了安徽的一所大学，成为一名工农兵学员，毕业后就地留校任教。妹妹作为最后一批知青回了上海。她虽然留校任教，当了一名大学教师，但却不能回到上海陪伴父母，只有寒暑假时，方能回沪探亲。那时由于工资低，也不是每个寒暑假都能回沪。她是大学副教授，可以工作到60岁退休，父亲去世后，原本计划退休后即回上海陪伴妈妈，与之相守到老，尽孝终生。可谁知离她退休前还有一年多时，她80多岁的老妈得了肠癌，这让她伤心欲绝。远在安徽，愧对平时未孝敬老妈，怎么办？为假期之事，还与系里一位不近人情的小领导发生不快。老伴立即决定提前1年退休，回上海陪伴老母亲。陪伴妈妈期间，她一直守护老人身边，日夜服侍老人，端水喂饭，按摩擦身，叙话谈心，倒屎倒尿，伺候无微不至……如今老妈已经仙逝，作为女婿，我知道岳母的心思，她知道作为大女儿，她和妹妹、弟弟都是妈妈最好的儿女！

庆幸这辈子我遇到了一个好老伴，虽然生活里我们难免有矛盾，甚至发生过口水仗，但因为有了宽容，它让我们的生活整体上是和谐的。

干事业怎样才容易成功呢？行动和答案有多种。由于行动中涉及的因素多，天时、地利、人和，方方面面，因此，实际上成功没有完全固定、一成不变的模式，条条大路通罗马……

第五章

成功并不像你想象的那么难

1

成功并不像你想象的那么难

1965年，一位韩国留学生到剑桥大学主修心理学。在喝下午茶的时候，他常到学校的咖啡厅或茶座听一些成功人士聊天。这些成功人士包括诺贝尔奖获得者或某一领域的学术权威，这些人把自己的成功都看得顺理成章。时间长了，他发现，在国内时，他被一些媒体宣传，包括成功人士的介绍误导了。那些人为了让正在创业的人知难而退，普遍把自己的创业的艰辛夸大了。

1970年，他把《成功并不像你想象的那么难》作为毕业论文，提交给现代经济心理学的创始人威尔·布雷登教授。教授读后大为惊喜，认为这是一个被忽视、但却是一个新发现。惊喜之余，他写信给他的剑桥校友——当时正坐在韩国政坛第一把交椅上的朴正熙。

后来这本书果然随着韩国的经济起飞而广为人知。这本书鼓舞了很多人，因为它从一个新的视角告诉人们，成功与“劳其筋骨，饿其体肤”、“三更灯火五更鸡”没有必然的联系。只要你对某一事业感兴趣，专心致志，目标始终如一，持之以恒地坚持做下去就会成功，因为上苍赋予你的时间和智慧足够你圆满地做完一件事情。后来这位青年也获得了成功，他后来成为了韩国泛亚汽车公司的总裁。

爱因斯坦的成功公式

至今，众所周知，世界上公认的最著名的理论物理学家仍是相对论的创建者爱因斯坦。1905 年爱因斯坦引发了人类关于物理世界的基本概念（时间、空间、能量、光和物质）的三大革命。科学家通常把那一年称为阿尔伯特·爱因斯坦的“奇迹年”（诺贝尔奖获得者杨振宁教授2005 年 7 月 24 日在第 22 届国际科学史大会（北京）上的演讲，《文汇报》2005 年 8 月 21 日）。

今天人们可以毫无疑问地说爱因斯坦是最伟大的科学家，是最伟大的人才。他成名后，据说有一群想走捷径的年轻人缠着这位大科学家好几天，让他介绍自己成功的经验。宽容的大科学家没有生气，反而被他们的诚心感动，提笔在纸上写了一个公式：

$$S = A + B + C$$

“S”代表成功，科学家说，做事情要想成功有三个条件：A 代表辛勤劳动；B 表示做事情要有适当的方法。那么，“C”呢？青年人用期待的眼光看着爱因斯坦，急不可待，似乎把希望寄托在 C 上，只见科学家不紧不慢地说：“C”表示少说废话。

“A”代表辛劳，成功、成才的基础在于辛勤地劳动，在于付出。不做、不付出哪里有回报？不付出艰辛的劳动，哪里能获取丰硕的果实？社会生活中，这是一条公认的最简单、最基本的定律。

有一位苹果园主，在他即将去世时把儿子们叫到床前说：我勤劳一生，给你们积攒下一批财宝，就埋在了那片苹果园里。老农去世后，儿子们数天里把苹果园的土地翻了个遍也没有找到一件宝贝。可是，大家仍不死心，又把苹果园里的土地细细地深翻了一遍，仍然是一无所获，更没有挖到能有什么称之为财宝的东西。出了大力，流了大汗之后，他们只好死心了。第二年，苹果园里的苹果生长旺盛，根深叶茂。到了秋天，硕果累累，个个苹果长得又大又甜。儿子们卖掉了苹果，挣到了大钱。这个时候他们才明白。老人生前根本没有留下什么金银财宝，留下的是让他们付出汗水，而后明白：只有通过自己辛勤的劳动才能创造出殷实的财富。

有一次给我的学生上课，走进教室，看到后墙上贴有横幅——“No pains，No gains”。这是一句英文名言，中文的意思是“不劳则无获”。“教室文化”底蕴丰厚，此句英语谚语，写得如此之美。一则言简意赅，哲理深刻；二则短短十四个英文字母，两句话，后句只将前句的“p”改为“g”，按照中文的说法对仗公正。这谚语，确是人类智慧的结晶，不但让人一下子能记得住，而且其中的深刻道理，作为一笔知识财富让人永可享受。

关于“B”——适当的方法，说的是做任何一件事，要想成功，一定要有适当的方法。方法得当，能够成功或事半功倍；方法不当，方法不对，可能事倍功半，甚至会以失败而告终。成功的事例千千万，分析任何一件，无不得益于做到方法得当。也许，在生产、学习、生活中，有些人还没有意识到适当方法的重要性。当然，适当的方法也不是空想出来的，它来自于知识学问，来自于“十年磨一剑”，来自于“养兵千日，用兵一时”，来自于“面壁十年”，厚积薄发。

测量建筑物的高度，比如测量上海东方明珠电视塔的高度，传统经典的方法可以利用拉皮尺由顶点到地面，直接进行度量，显然这需要爬高，不是一个好方法。换个思路，目前我们可以利用三角学和光的直线传播知识，远距离选取一个测量点，通过测量距离、量取小高度或者角度，而后用相似三角形的比例关系或者直角三角形知识，就能很容易间接地计算出建筑物的高度。再如，要测量地球到月球的距离，利用拉皮尺度量的方法根本是不可能的，必须另外设计出其他的适当的测量方法。对于最高速度——光速的测量，同样是如此，更要寻找出适当的方法。历史上一个著名的试验是法国学者斐索（1819—1896 年）在 1849 年设计出的、极其巧妙的齿轮实验装置，他在地面上测出了光速。当然今天有更好的方法，可以更精确地测量光速。

适当的方法，在不同的条件下也会有多种方法可供选择。人要过河，河（或江）有宽有窄，水有深有浅，水流有急有缓，因此过河的方法有数种：游泳，坐船，架桥，拉索道，挖隧道；小溪流甚至可以淌水或砍一根毛竹像撑竿跳一样的撑过去，等等。这些方法中一定有一种是最适合你的。应该根据实际情况选择出一种合适的方法。按目前流行的说法，要选一种“性价比”最佳的方法。选择卓有成效的，有时甚至可能是唯一适当的方法来解决问题，其基础靠的是科学、技术，是学问，是知识。那绝不是空想，不是蛮干。适当的方法，来自于是深思熟虑，查阅文献，或经验总结，或试验实践，调查研究，充分论证。任何不符合实际，靠想当然选择解决问题的方法，肯定是不适当的，应用之后往往不能解决问题，甚至会造成结果失败。

关于“C”——少说废话，从才智的角度讨论起来也是一个有道理可谈的话题。“少说废话”不等于“不说废话”，更不等于“不说话”，而是让你少说一些空话、大话、无聊的话，少说“吹牛皮、侃大山”的闲话，腾出更多的时间去学习，去实践，去干工作。

自尊+自立+自信+自强=成功

这是一位成功者的故事。

直到16岁，他仍是懵懵懂懂地在学校混日子。那年，他喜欢上了班里一个女同学，给她写了封情书，没想到她竟然把情书贴到了学校的宣传栏里。第二年，他就转学了。后来，他拼命地学习，竟然考上了北京的一所名牌大学。

22岁，他大学毕业进了政府机关。有一回，他到乡下去探亲，看到亲友竟然把一头狼拴在家里看家护院。长辈说，这狼从小就与狗一同驯养，久而久之，狼变成了一条退化了个性的“狗”，真的连长相都有些像狗，更别提狼性了。没多久，他就在别人的惋惜声中辞职去了深圳。

他专找那些有名的外资公司去求职，而且总能想方设法直接地向外方经理面送自荐信。后来他真的被一家大公司录用了。那年，他24岁。三年后，因为成绩突出，他被调到美国总部。上班的第一天，他按国人的习惯请新同事共进午餐。然而，就在他准备埋单的时候，同事们却一个个坚持AA制、自己付自己的账。当时的热情，反倒让他觉得很尴尬，但同时也明白到了些什么，于是以后更加努力地工作。

他如今已是全球某知名电脑公司的技术总监。他告诉我们：16岁时的经历让他明白，一个人要想被他人尊重，首先得自己尊重自己；22岁时他开始明白，狼之所以失去狼性，是因为他没有学会自立；24岁他开始明白，要想求职成功，首先自己要自信；27岁在美国上班的第一天，他知道了每个人都不能指望别人为自己的人生埋单，要想获得成功，你就得自己努力，这就叫自强。自尊 + 自立 + 自信 + 自强 = 成功，这就是他总结出的关于自己成功的公式！

尽管成才的模式因人而异，各不相同，但成才的道路条条通罗马，总有一条适合你，选准一条路走下去就能到达目的地。

多与成功者为伍

事实表明，向成功者学习，与成功者为伍，自己也容易成才。古人云“近朱者赤 近墨者黑”，“跟着好人学好人，跟着巫师学吓人”就是这个道理。历史上有一个与此有关的最著名的成语典故——《孟母三迁》尽人皆知的故事，就是后来流传在“三字经”上的那个“昔孟母，择邻处，子不学，断机杼”的故事。这里让我们再温习一遍吧。

孟子（公元前372—公元前289），名轲，自子舆，战国中期鲁国邹人，是战国时期的大思想家。受业于子思（孔子孙）之门人，曾游历于宋、滕、魏、齐等国，阐述他的政治主张，还曾在齐为卿。孟子的思想来源于孔子。晚年退而著书，后世将他与孔子合称为“孔孟”。传世有他与弟子合著的《孟子》七篇。孟子是战国时期的大思想家，儒家的代表。

孟子从小丧父，全靠母亲倪氏一人日夜纺纱织布，挑起生活重担。倪氏是个勤劳而有见识的妇女，她希望自己的儿子读书上进，早日成才。但小时候的孟轲天性顽皮好动，不想刻苦学习。他整天跟着左邻右舍的孩子爬树捉鸟，下河摸鱼，田里摘瓜。孟母开始又骂又打，什么办法都用尽了，还是不见效果。她后来一想：儿子不好好读书，与附近的环境不好有关，于是，就找了一处邻居家没有贪玩的小孩的房子，第一次搬了家。

但搬家以后，孟轲还是坐不住。一天，孟母到河边洗衣服，回来一看，孟轲不知何去。孟母心想，这周围又没有小孩，他又会到哪里去呢？找到邻居院子里，见那儿支着个大炉子，几个满身油污的铁匠师傅在“叮

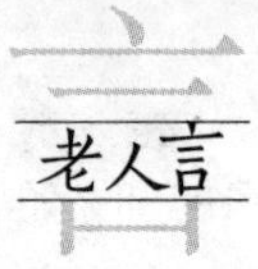

叮当当”地打铁。孟轲呢，正在院子的角落里，用砖块做铁砧，用木棍做铁锤，模仿着铁匠师傅的动作，玩得正起劲呢！“跟着好人学好人，跟着神汉学跳神”，孟母一想，这里环境还是不好，于是又搬了家。

这次她把家搬到了荒郊野外，周围没有邻居，门外是一片坟地。孟母想，这里再也没有什么东西吸引儿子了，他总会用心念书了吧！但转眼间，清明节来了，坟地里热闹起来，孟轲又溜了出去。他看到一溜穿着孝服的送葬队伍，哭哭啼啼地抬着棺材来到坟地，几个精壮小伙子用锄头挖出墓穴，把棺材埋了。他觉得挺好玩，就模仿着他们的动作，也用树枝挖开地面，认认真真地把一根小树枝当作死人埋了下去。直到孟母找来，才把他拉回了家。

宽容的孟母，可怜天下父母心，这是第三次搬家了。这次的家隔壁是一所学堂，有个胡子花白的老师教着一群大大小小的学生。老师每天摇头晃脑地领着学生念书，“之、乎、者、也……”，那拖腔的声调就像唱歌，调皮的孟轲也跟着摇头晃脑地念了起来。孟母以为儿子喜欢念书了，高兴得很，干脆拿了两条干肉做学费，把孟轲送去上学。

可是有一天，孟轲又逃学了。孟母知道后伤透了心。等孟轲玩够了回来，孟母问他：“你最近书读得怎么样？”孟轲说：“还不错。”孟母一听，气极了，骂道：“你这不成器的东西，逃了学还有脸撒谎骗人！我一天到晚苦苦织布为了什么！”说着，揪着他的耳朵拖到织布机房，抄起一把雪亮的剪刀，“哗”的一声，把织机上正在织出的布全剪断了。

孟轲吓得愣住了，不明白母亲为什么这样做。孟母把剪刀一扔，厉声说：“你贪玩逃学不读书，就像剪断了的布一样，织不成布，就没有衣服穿，就卖不了钱；不好好读书，你就永远成不了人才。”

这一次，孟轲心里真正震动了。他认真的思考了很久，终于明白了真理，从此专心读起书来。由于他天资聪明，后来又专门跟孔子的孙子子思学习六艺——《诗》、《书》、《礼》、《易》、《乐》、《春秋》等，终于成了著名儒家学说的宗师。孟子在人们心目中的地位仅次于孔子，后人称他为

“亚圣”。

从这个故事中，我们可以看出孟母确实是一位很了不起的人，她懂得“近朱者赤，近墨者黑”的道理，她深知一个人的智慧不是天生的，需要经过后天的学习和锻炼。她重视环境对人的成长的重要作用。她的这些教育思想，从哲学上看完全符合内因与外因关系的哲理。一个人的成才，同一切事物的发展变化一样，外因是变化的条件，内因是变化的根据，外因通过内因而起作用。在一定的条件下，外因的作用是不可忽视的。正是由于孟母的三迁，才造就了孟子成功的基础！

有成功学大师告诉我们，为了走向成功——你一定要向顶尖的人士学习，每一个成功人士都是向之前成功的人士学习，这几乎没有什么例外。你跟什么人接触，你的想法就会跟他接近，所以千万要仔细地选择你所接触的对象，因为这会节省你很多时间。假如你跟一个成功者在一起，他花了40年成功，你跟10个这样的人在一起，你岂不是可以学到他们多年的、丰富的成功经验。如同“孟母三迁”的道理一样，只要可能，人就要接近好的人与事，才能学习到好的习惯！

注：①“近朱者赤　近墨者黑”出处——晋·傅玄《太子少傅箴》：“故近朱者赤，近墨者黑；声和则响清，形正则影直。”释义——靠着朱砂的变红，靠着墨的变黑。比喻接近好人可以使人变好，接近坏人可以使人变坏。指客观环境对人有很大影响。

②“孟母三迁”出处——西汉学者刘向《汉书·艺文志》：邹孟轲之母也，号孟母。其舍近墓。孟子之少也，嬉戏为墓间之事，踊跃筑埋。孟母曰：“此非吾所居处子也。”乃去。舍市旁，其嬉戏为贾人炫卖之事。孟母又曰：“此非吾所居处子也。”复徙居学官之旁，其乃嬉为设俎豆揖让进退之事，孟母曰：“此可以居吾子矣。”遂居焉。及孟子长，学六艺，卒成大儒之名。

砍一刀换来的高考成功

这是一个发生在特殊时期有个性且充满才智的典型传奇故事。

他是一位老知青，每当他谈起当年高考的情形，撩起裤腿，指着小腿上的伤疤给人看，他说那是柴刀砍的。这是他独有的秘密故事。细细的刀痕，蜿蜒缠绕，像一条可怕的影子，很长；思绪让人回忆起30多年前的一幕。

那是一个特殊的年代。他高三刚毕业，还是个毛头青年，“文化大革命”开始，高考无影无踪，懵懵懂懂“革命”两年，而后迎来了全国知识青年上山下乡的高潮。他被下放到南方那个大湖边的一个农场，知青们在此围湖垦荒，战天斗地。几年下来，当初的万丈豪情，已渐渐被残酷的现实侵蚀殆尽，想到前途渺茫，回城无望，他和许多知青一样，苦闷彷徨，却找不到出路。

1977年10月的一天，广播里突然播出了一则令人高兴的好消息：国家决定取消推荐上大学，全国恢复高考。仿佛一声春雷，农场里全都沸腾了，紧闭的命运大门忽然打开。20多岁的一帮知青们欣喜若狂，奔走相告。大伙心里只有一个念头：考大学，回城！立即找书，复习功课！

他立即给家里发电报，请家人帮忙收集复习资料。以前学的知识，大半都已还给老师了。而此时，距离12月中旬的高考，只剩下短短五十多天，时间紧迫，每一秒钟都像金子般珍贵。然而白天必须照常出工劳动，每天从天刚亮干到天黑，只有晚上才有时间复习功课，时间少得可怜。累了一天且不说，眼看高考一天天逼近，却又无可奈何。他心急如焚，到底怎么办？在当时的政治气候下，要想请假复习功课，那是痴心妄想。

一天，他在湖边砍芦苇，身在曹营心在汉，手上拿着柴刀，心里却想着考试，突然他对身旁的华子说："如果我能大病一场，就有好几天的复习时间了。工伤也不错，谁能砍我一刀就好了。"华子是当地老表，两人年龄相仿，脾气相投，关系处得好，突然回话："这还不容易，我砍你一刀，你敢不敢?"两人本来都是开玩笑，可是听了这句话，他脸上的笑容顿时凝固了。再没有言语，整整一天，他心里都在反复斟酌老表的话。

那一夜，他几乎未睡，第二天刚上工，他就把华子拉到旁边，压低了嗓音说："等会儿，趁我不注意的时候，你就照我腿上砍一刀，下手要狠一点。"华子立刻瞪直了双眼，仔细打量他脸上的表情，不像开玩笑，随即把头摇得像拨浪鼓："你疯了！这一刀下去不知轻重，万一残废了怎么办?""管不了那么多，是好兄弟你就给我一刀。"他似乎吃了秤砣，铁了心。华子拗不过，只好勉强点头答应。

俩人各怀心事，心不在焉地干活。他心里怦怦直跳，可是快到晌午，也不见动静。他既失望又庆幸，失望的是计划落空，庆幸的是这一刀多半是躲过去了。就在他心情矛盾、胡思乱想之际，突然感到腿上钻心的剧痛，他"哎哟"大叫一声，栽倒在地，左腿肚子上拉开一道血口子，血流如注。华子手握柴刀站在旁边，呆若木鸡，泪如泉涌。他疼得脸都变了形，脸色苍白如纸，因为失血过多，当即昏了过去。

众干活者慌忙把他抬到了场部医院，伤口缝了15针。等他醒来时，医生摇头叹息说："年轻人，以后干活千万小心，这下没有半个月恐怕下不了地。"要等的就是这句话，尽管他疼得龇牙咧嘴，心里却万般窃喜。幸好华子这一刀力量恰到好处，尽管伤得不轻，但却未伤筋动骨。这次"意外工伤"，终于让他如愿以偿，领导批准他休假半个月。

时间来之不易，他一头扎进了书本，数学、物理、化学、外语、语文都要整一遍，日夜用功，每天只睡四五个小时，早把伤痛忘到了脑后。

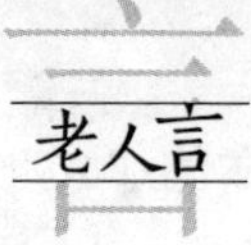

高考结束，他心里忐忑不安地等待消息。那天傍晚，他带着满身泥泞刚从田里回来，忽然看到邮电所的老王来了。他一下子预感到了什么，顿时紧张起来，想问又不敢开口，一颗心都快要跳出胸膛了。僵持片刻，老王笑着说："这是你的录取通知书，祝贺你！"他像发了疯的公牛，迅速扒光上衣，扔出老远，光着膀子，对天大吼了三声——我成功了！滚烫的泪水奔涌而下，他终于确信，从这一刻起，命运已牢牢攥在自己手中。

正是风雨过后见彩虹。如今他已是一所省重点中学的校长，事业如日中天，成绩斐然，这就是一个老知青的故事，几乎一个天方夜谭的故事。如今说起它来轻松，但却让人听得有点心惊肉跳，问他："明知道有人要砍你一刀，你不害怕?"他笑："怕！怕得要命，当时我两腿都在打哆嗦，也不知那小子看中了我哪条腿。差点吓得尿裤子——可是我没有退路啊！没有付出，哪有收获。"真的，那一刀砍下去，其实是他向命运宣战的开始！人生中所有的苦难挫折，都是为了使我们变得更强大。

正是，人生离不开付出。没有付出，哪有回报？付出辛劳，收获成功！这算是智慧的定律之一吧。

6

每个小目标都达到了，则最终就会成功

1984 年，在东京国际马拉松邀请赛中，名不见经传的日本选手山田本一出人意外地夺得了世界冠军。当记者问他凭什么取得如此惊人的成绩时，他说了这么一句话：凭智慧战胜对手。

当时许多人都认为这个偶然跑到前面的矮个子选手是在故弄玄虚。马拉松比赛，拼的是体力和耐力，只有身体素质好、有速度又有耐力才能夺冠，说用智慧取胜确实有点勉强。

两年后，意大利国际马拉松邀请赛在意大利北部城市米兰举行，山田本一代表日本参加比赛，他又一次获得了世界冠军。

两次冠军的结果，绝非偶然，令人信服。记者又请他介绍经验，山田本一性情木讷，不善言谈，回答的仍是上次那句话：用智慧战胜对手。这次记者在报纸上没再挖苦他，但对他所说的智慧却不知具体。

10 年后，这个谜底终于被解开了，山田本一在他的自传中是这么说的：每次比赛之前，我都要乘车把比赛的线路仔细地勘察一遍，并把沿途比较醒目的标志画下来，一段路一个，一段路一个，那些目标有高楼、大树、广告牌等，一直画到赛程的终点。比赛开始后，我就以百米的速度奋力地向第一个目标冲去，等到达第一个目标后，我又以同样的速度向第二个目标冲去。40 多千米的赛程，就被我分解成这么一个个小目标跑完了。每个小目标是第一，或达到预先设计的时间，都成功了，则最终就会成功。起初，我并不懂这样的道理，我把我的目标定在 40 多千米外终点线上的那面旗帜上，结果我跑到十几千米时就疲惫不堪了，我被前面那段遥远的路程给吓倒了。

确实，在现实中，我们做事之所以会半途而废，这其中的原因，往往不仅仅是因为难度，而是觉得成功离我们太遥远。确切地说，我们不是因为失败而放弃，而是因为倦怠而失败。因此，要有一步步的小成功，以增加信心、激情和鼓励；在人生的旅途中，我们稍微具有一点山田本一的智慧，一生中也许会少许多懊悔和遗憾。

正是：骐骥一跃，不能十步；驽马十驾，功在不舍；锲而舍之，朽木不折；锲而不舍，金石可镂。（荀子：《劝学》）

7

细节决定成败

成语“千里之堤，溃于蚁穴”富含哲理。反之也可诠释为：生活中不可忽视细节，细节可以决定成败。

有人请二十世纪中期世界上最著名的四位现代建筑大师之一的密斯·凡·德罗（Mies van der Rohe，1886—1969 年，德国人）用一句话来描述成功的原因时，这位建筑大师只说了五个字：“魔鬼在细节”，他反复地强调：如果对细节的把握不到位，无论你的建筑设计方案如何恢弘大气，都不能称之为成功的作品。今天众人皆知，这是智慧的五个字，响亮世界！

生活中，常常有人忽视小事，不屑于小事，更有许多人忽视推敲细节。我们说，细节确实可以决定成败。如国际名牌 POLO 皮包凭着“一英寸之间一定缝满八针”的细致规格，成为行业中的佼佼者；德国西门子 2118 手机靠着附加一个小小的 F4 彩壳而使它也像 F4 那样成了万人迷；宁波一位副市长在飞机上因帮助一位香港客人捡眼镜而引进了巨额投资……这些因细节而走向成功的案例，让人们在现代不得不重新审视细节了。

你一定有过手掌被扎入一根小刺的经历，那极不舒服的疼痛感觉，势必让你立即要把它挑出来，这就是细节给你的直接感受。可是人们往往忽视细节，好了疮疤忘了痛。其实，在成功的创业者看来，成功途中的细节并不“细”，小事并不“小”，对于每一个小环节若忽视了它们，同样会让你失败。

南非有一家德塞公园是在国际上招标建设的，中标的是一家德国的设计院。这件事当时在国内就受到很多人的非议。主要理由是人们以为公园是休闲场所，又不是什么高精尖的建筑产品，钱不应该让外国人赚。公园建成后，市民们更是不满，他们挑剔地找出许多不尽如人意的地方，后来，南非人再建公园时，就不找外国人了。20世纪70年代，南非人自己动手修建了一座很大的公园——克克娜公园。不比不知道，两年之后，南非人的看法发生了180°的惊人变化。

雨季到来时，克克娜公园被大水所淹，德塞公园却没有一点受淹的痕迹。原来，德国人建公园时，不但为整座公园建了下水道，还将地基垫高了50厘米——这在当初是南非人很不能理解的地方，以为多此一举，浪费了钱财。直到这次大水到来后，人们才明白德国人此举的良苦用心。

有一次，克克娜公园在举行集会时，秀丽的公园大门因为过于窄小，酿成了安全事故。这时，人们才想起德塞公园大门的宽敞方便。

几年后，人们发现克克娜公园的石板地面磨损严重，不得不翻修。德塞公园的石板却坚如磐石，而当初因为德塞公园的石板路投资过高，南非人差一点叫德方停工。现在看来，德国人是对的，德国人在设计时，考虑到南非的方方面面，包括天气与季节、地理与环境、游客与发展、今天与未来，尤其不忽略每一个小的细节。南非人自己建公园，却没有顾及这些。

德塞公园建成后，整体布局，设施与硬件多少年几乎没有损坏，而克克娜公园几乎每年都要修修补补，到如今已经花掉了建德塞公园两倍的钱。其实，德国人注重细节，做事严谨在世界上是出了名的。德塞公园的成功，正是基于此点！后来，南非同行曾问德国同行：你们怎么会这么精明？德国人回答："我们只是实在，不忽略细节，并非精明，精明的倒是你们南非人！"

当今社会，人们在追求成功时，可能成功渺无踪影；但倘若甘于平淡，认真做好每个细节，不留遗憾，成功就会不期而至。成功隐藏在细节之中。一点一滴的关爱、一言一行的举动、一丝一毫的服务……那正是无形的积累，细节或许起不到举足轻重、决定性的作用，但细节却如春风化雨般润物无声，有时它却可以发出四两拨千斤之功，这就是细节魅力之所在、力量之所在！

正是，细节可以决定成败！

第六章

成功没有固定的模式

1

用心做事的曹德旺

成功者，优点多，智慧多，这其中一定少不了道德第一。有多大的道德、多大的胸怀，就干多大的事业。大企业家用心做事，心胸大，站得高、看得远；而道德缺失，克斤扣两者，只有肚量小的商贩才能做得出。成功论道德！

今天如果有人问我：你最敬佩的企业家是谁？我一定会毫不犹豫地回答：曹德旺！这里就说一说杰出的民营大企业家，慈善家，福耀玻璃集团创始人曹德旺先生的故事吧。

曹德旺1946年出生于福建福清。1983年以前，曹德旺还只是福建省福清市高山镇高山异形玻璃厂的业务员，他的工作是为这家乡镇企业推销人称“大陆货”的水表玻璃。1983年4月，曹德旺毅然承包了这家年年亏损的乡镇小厂，众人拾柴火焰高，经过努力，当年他不但完成了承包的上缴利润，还有20多万元的赢利。到1985年，高山异形玻璃厂合资，当时是通过购买上海耀华玻璃厂的旧设备图纸，完成设备安装和投产的，之后曹德旺赚到他人生的第一桶金。

机遇总是青睐心中有数的人。说起来可笑，一天，他出差回家，乘出租车时坐在副驾驶位子上，由于随身带了一个在外地买来的拐杖，出租车司机反复叮嘱他要小心，不要让拐杖把汽车的玻璃捣碎了，曹德旺没有生气。驾驶员说换一块车玻璃要两千多块钱，配起来很贵的，因为汽车用玻璃基本都是进口的，国产的几乎没有。说者无意，听者有心。曹德旺熟知玻璃行业的门道，知道这样一块汽车玻璃的生产成本不过百余元，这数十倍的利润都被外国人赚取了。这件事给曹德旺的触动极大，他有敏锐的双眼，睿智的头脑，外国人能做，中国人为什么不能造自己的汽车玻璃？这让他看到了企业赚钱的一个潜在商机。1987 年，他联合 11 个股东集资 627 万元，成立福耀玻璃有限公司，其后将主业迅速转向汽车玻璃。目前福耀是中国第一、世界第二大汽车玻璃制造商。福耀汽车玻璃早已成为宝马、奔驰、奥迪、通用、丰田等世界八大汽车厂的供货商。多年来，他目标如一，专心在汽车玻璃一个领域，没有做过房地产、互联网、矿山，没有做过股票二级市场投资。

今天，福耀有高品质的产品、领先的研发中心，有国内第一流的生产线和巨大的产能，这使福耀玻璃有强劲的市场开拓力。福耀玻璃彻底打破了中国汽车玻璃市场由国外品牌多年垄断的历史。今天中国汽车玻璃的进口市场份额由 1985 年几乎 100% 依靠进口，减少到至 2008 年就接近 0% 了。

曹德旺说："在我的企业家生涯中，最大的成就就是和我的员工们一起实现了'为中国人做一片属于自己的汽车玻璃'，为汽车玻璃供应商树立了专业的典范。"

2009 年 5 月 30 日，曹德旺获得著名的"安永全球企业家大奖"。（有着企业界奥斯卡之称的"安永企业家大奖"于 1986 年在美国首次举办，历年来全球只有数百名最成功及最富创新精神的杰出企业家获此殊荣。2009 年 5 月 30 日，在世界最小同时也是最富有的摩纳哥公国蒙特卡罗市，汇集了全球 10000 名以上企业家角逐安永企业家奖，其中 43 名国家/地区大奖得主直接竞逐全球企业家大奖。足见此荣誉来之不易！这也是该奖项设立 23 年以来，首位华人企业家获此殊荣。）

曹德旺成为杰出企业家后，说他的成功，最忘不了的是父亲教导他的那句话——要用"心"去做事！

“我的父亲曾经是上海著名的永安百货的股东之一。因时局动荡，父母亲决定举家迁回老家——福建福清。离开上海时，父亲带全家坐油轮，财产全部放在另一条运输船上。等人到家之后，全部家当却没有回来，只得到一句答复，说是那条船沉了！兵荒马乱的年月中，一家人叫天天不应叫地地不灵，眼睁睁地看着家中顿时变得一贫如洗。”

在他的记忆中，有很长一段时间，家里日子过得很苦，一天只能吃两餐，两餐里也只是些汤汤水水，难以顶饥耐寒。那时他们就常常觉得饿，做母亲的变不出吃的，但却总是柔声鼓励着孩子们：“要抬起头来微笑，不要说肚子饿，要有骨气、有志气!”

“饭可少吃，衣可简穿，书还是要读。”受过教育的父母想尽办法要让他们读点书。9 岁时他走进了学堂，念到 14 岁，因为家境太艰难不得不辍学回家放牛。但是当时，一有空他就爱捡起哥哥的旧课本，边放牛边津津有味地读上几页。

到了 16 岁的时候，年少的他开始冒着被扣上“投机倒把”帽子的危险帮着父亲倒卖烟丝。到了 1966 年左右，烟丝生意难以为继，于是改做水果生意。每天凌晨 3 点多就出发，从高山公社骑自行车赶到福清县城时天刚放亮，等果农来了我就开始与他们讨价还价，谈定价格装好水果后差不多已到中午，就地自己煮饭，吃完后是中午十一二点，一般温度是 40 度左右，驮上 300 斤水果，那时候感觉就像是在火里穿行，回到高山大约是 4 点到 4 点半，等把一车的水果全都批发给商贩后一般要到 6 点。如此一个回合下来能从中赚取的差价约为两元钱。

为了谋生，他种过白木耳，当过水库工地炊事员、修理员、知青连农技员，还倒过果树苗。但无论做什么，他都没有忘记父亲的嘱咐：要用心去做事。

大概 1975 年的时候，他已为自己积累了 5 万余元的“巨资”，那时感觉在经济上解放了自己。

苦难历练人生，更是一笔财富。早年的这些苦难，磨砺了曹德旺坚忍的性格。他坚信，只要用心，靠勤劳的双手一定能改变命运。

做玻璃，曹德旺麾下的福耀玻璃集团还打过一件轰动世界的“官司”。那就是2001—2005年，曹德旺带领福耀团队艰苦奋战，历时数年，花费一亿多元，相继打赢了加拿大、美国两个反倾销案，震惊世界。福耀玻璃也成为中国第一家状告美国商务部并赢得胜利的中国企业。2006年美国商务部部长来中国时，曾点名约见曹德旺，使他一度成为业界传奇英雄人物，传为佳话。

今天，曹德旺成功了，他是一名大企业家，亿万富翁。富裕之后，他所做的一件最重要的事就是回报关爱他的国家和社会。曹德旺本人说：“自己事业的成功，是国家和社会眷顾了他”。这是他发自内心的声音，也是他对社会和国家回报的真实意识表达。慈善之心，从广义上说就是宽容之心，他就从捐赠做起。

1998年，他亲自飞往武汉洪灾区考察，个人捐出300万元，加上公司员工捐款等共筹资400万元经由中央电视台汇出。同年，他也向闽北灾区建瓯市捐出200万元。2006年6月的闽北洪灾，他再捐200万元，福清基地员工捐47万多元，用于闽北小学教学楼重建；

2004年，他先后捐出500万元和800万元，用于修建福厦高速公路宏路出口与316国道连接道路以及福清三条农村公路；

2005年春节来临之际，他捐资70万元给永泰县福利院，扶助农村贫困老人；2005年，他又捐300万元拓宽高速公路宏路出口处公路，捐600万元修建福清高山中学科技楼；

2006年，捐资247万元帮助福建灾区学校重建；捐资500万元予海南省文昌市；

2007年，每年捐资150万元在西北农林科技大学设立“曹德旺助学金”，定向定额捐赠10年计1500万元；

另，二十年来，他帮助贫困生共计捐出数千万元；

2008年，汶川地震，曹德旺多次亲赴灾区，先后捐赠2000万元；

2009年，公益捐赠共计2900万。

2010—2011年4月捐款12亿元，其善款分配如下：玉树1亿，西南五省区市干旱2亿，福州市图书馆4亿，福清市公益事业3亿，2011年4月捐厦门大学2亿。

2010年10月，捐资2000万建南京大学河仁楼，推动河仁社会慈善学院建设成慈善救助人才培养的基地。

2010年12月，历经三年锲而不舍地与中央各部委沟通、磋商，并请各领域专家进行论证和指导，曹德旺捐出价值数十亿元福耀玻璃股票成立的河仁慈善基金会在递交申请三年后终于正式获批，是中国目前资产规模最大的公益慈善基金会。

2011年4月正式过户，曹德旺明确表示，我的股票从过户那一刻登记到他的名下的时候，基金会将彻底与曹家剥离，基金会拥有完整股权。这是送予中国慈善机构的一笔费用。

胡润慈善榜统计，从1983年第一次捐款至今，曹德旺累计个人捐款已达50亿元。

目前，由福耀集团总裁曹德旺先生捐资1.5亿元建设的老家高山镇的高山中学已经建成，他亲自规划设计，倾心倾力，每次出差回来，都要亲临现场指导。十年树木，百年树人，投资教育，功德无量。

谈及捐款数十亿，曹德旺说，拥有财富，也是背负责任。捐了，卸下重担，反而一身轻松。广义上看，境界的另一方面，捐赠与慈善亦是回馈社会最大的宽容之一。俗话说，人之一辈子，生不带来死不带去。不是么，来时精赤条条，去时一缕青烟。

曹德旺的豪宅门前卧有一尊吉祥物貔貅（píxiū）看门、镇宅，据古书上说貔貅是一种猛兽，传说屁股上没有洞，只吃进东西而不出。可这只貔貅却与众不同，屁股上有一个不小的洞。曹德旺说：“貔貅没有屁股（眼），是只进不出的，很小气。我特意挖了个大屁股（洞），做吉祥物来说的话有进有出。财富如果不漏的话就会撑死掉你，应该要漏。”足见，企业家做慈善的度量是如此之大！曹德旺是今天公认的、当之无愧的大慈善家！

2010 年 12 月 26 日 CCTV－4 女主播徐莉采访曹德旺先生，问他什么是企业家精神时，曹德旺说：国家因为有你而强大，人民因为有你而富裕，社会因为有你而进步！

最后我要说的是，曹德旺的名字起得好，名如其人——有德者，事业旺！人类的发展历史和现实表明，做人德为首，做事德为首，有德者能成功，事业能走得更远。若一个人道德一般，自私情怀，那他的事业也将一般，会很难取得出类拔萃的成绩。

目标如一的蒙牛人

我国当代经济风云人物，大名鼎鼎、无人不晓的蒙牛集团创始人牛根生先生就是一位专心致志，目标始终如一，办事不留遗憾、少留遗憾，“聚精会神搞牛奶，一心一意做雪糕”的成功企业家。如今在人们的心目中，“蒙牛”就是牛根生的化身，牛根生就是“蒙牛”，一头智慧的牛！

牛根生，男，1954 年生于内蒙古。据牛根生自己回忆，他出生在内蒙古自治区一户贫农家庭。后来，他被卖给姓牛的人家做儿子，他的命运也从此与牛结下了不解之缘。1978 年牛根生参加工作，在伊利集团从一名洗瓶工干起，担任过车间主任、厂长等职，在伊利做到了生产经营副总裁的位置，直到 1999 年离开“伊利”。之后，牛根生于 1999 年创立蒙牛集团，作为乳业的后起之秀，“蒙牛”以出色的营销手段实现了快速增长。早在 2002 年其销售额已突破 21 亿元，在全国乳制品企业中的排名由第 1116 位一举跃升至第 4 位。2003 年“蒙牛”借助“神五升空”的出色营销，销售额再次翻番，达到近 50 亿元。如今“蒙牛”的身价早已超过百亿元了。

牛根生先生说过的富有哲理的精彩名言非常多，让人受益、回味无穷。

他曾说：工作以来，我只干了一件事：种草、养牛、挤牛奶。养牛时做的是这件事，当工人时做的也是这件事，自己创业后做的还是这件事。

在我们厂区，最大一块标语牌写的是：“聚精会神搞牛奶，一心一意做雪糕。”它时时提醒我们要进行战略聚焦。

老人言

多年来，无数的人向我“劝进”过，一会儿有人说这个产业好，一会儿又有人说那个产业好……面对一切诱惑，这一阶段我们坚守乳业，不为所动。

不仅如此，就是在乳业里，我们也尽可能采取聚焦策略。刚开始那几年，我们只做六七个产品。2000年的时候，有一次去酒泉参观一家乳制品企业。在展览室里，陈列着四十多种产品，可谓琳琅满目！于是，随行的领导很不高兴地责怪我：“你们才做六七种。”我没说什么。等宾主双方在会议室里座谈的时候，酒泉的那位厂长喜滋滋地说：“去年我们销了5万多元，今年的发展态势非常好，计划做到48万元的销售额！”阿弥陀佛，他40多个产品全年才销48万元，我的六七个产品那时已经销到2个多亿了。接下来，轮到批评我的领导自觉难堪了。

所以，做产品，最需要讲究的就是“优生优育”。生下羊，哪怕一窝也不值钱；生下虎，哪怕一只也大有本事！滥生滥育，生得越多浪费越大！

遍览六大洲，世界上大凡成功的企业，80%以上一业为主。在我们乳制品这个行当里，每个产品都有一个世界500强的巨匠在做。例如，牛奶有帕玛拉特，奶粉有阿拉·福兹，酸奶有达能，冰激凌有和路雪……你如果什么产品都想做，那么，就意味着你与很多个世界冠军在对打；对抗一个犹恐不胜，何况是对抗许多个专业化队伍呢？

同样的道理也体现在体育行业。试问在体育比赛上，射击、游泳、举重、滑冰、自由体操、篮球、足球、乒乓球，哪个世界冠军不是只做一个领域的项目？至今我还没听说过乒乓球冠军同时夺得举重第一，或者射击冠军同时拔得游泳头筹的案例。

所以，一个企业、一个组织、一个团队，如果聚精会神只做一件事，做好的可能性就比较大；如果东也想做，西也想做，不能做到专一、专注、专心、专业，那么到头来，每个领域都可能只是个二流角色，弄不好还会沦入三流、末流。浪费时间的结果，留下的只能是遗憾。

迄今为止，做企业成功的招数很多，但有一条是肯定的：聚焦，聚焦，再聚焦！

这就是牛根生的智慧之举：搞牛奶——目标如一！

一条道走到底的孟乔波

80年代，那年她14岁，在湖南益阳一个名叫衡龙桥的小镇卖茶，一毛钱一杯。茶水盛放在一个个透明的杯子里，上面盖块方方正正的小玻璃片遮挡灰尘。镇上的农贸市场人来人往，她的茶水小摊就设在市场旁边。因为她的茶杯比别人大一号，所以茶卖得最好。没有人清楚1毛钱一杯的茶水，一天下来她究竟能赚多少钱，大家看到的，只是她总在欢欢喜喜地忙碌着。

进入90年代，她17岁了，原来的同行要么嫌卖茶收入太低而早早鸣金收兵，要么因赚钱太慢而转做其他生意。唯有她，还在做卖茶的老本行，只是，她不再在小镇上卖茶，而把摊点搬到了益阳市里；不再卖最简单的从大茶壶里倒出的茶水了，改卖当地特有的“擂茶”。擂茶制作起来很麻烦，但也卖得上价，小杯3元，大杯5元，而不管大杯小杯，她的杯子又比别的摊位都要大一圈。所以，她的小生意总是忙忙碌碌。

又过了3年，她20岁了，仍在卖茶。不过卖茶的地点又变了，在省城长沙，摊点也变成了小店面。屋子中央摆有几尊古色古香的木雕茶桌、茶几，配以红木椅、凳，客人进门，必定泡上热乎乎的香茶请你品尝。这里更是许多老茶客叙旧、交流的好地方。客人尽情享受之后，出门时，或多或少总会掏钱再拎上一两袋茶叶。

不知我们中间有谁能把一杯茶水坚持卖十年之久？何况在如今风起云涌的商界，总是不时冒出各种各样快速致富的神话。但她做到了，长达十年的光阴中，她始终在茶叶与茶水间打滚。只是至今她已经拥有了37家茶庄，遍布于长沙、西安、深圳、上海等地。福建安溪、浙江杭州的茶商们一提起她的名字，莫不竖起大拇指。这一年，她24岁了，正是一个女人最美丽而成熟的年龄。事业有成而天生丽质的她，甜美的笑容绽放在一本知名财经刊物的封面上，格外灿烂，在照片的下面有行文字——我的成功没有秘诀，只不过是一条道走到底。

她的名字叫孟乔波，在她的名片上，那上面印有中国香港和新加坡的茶庄地址。她果真已经开到大陆以外去了！孟乔波说："我一定会一条路走到底。若干年后，你会发现在本来习惯于喝咖啡的国度里，也会有洋溢着茶叶清香的茶庄出现，那也许就是我开的……"

今天，尽管社会是多元化的，学习、生活、创业的内容丰富多彩，但一个人的精力有限，因此在一段时间里集中精力重点做一件事情容易成功。防止因多头并进，全面开花，以致最终沦为东一榔头、西一棒子的结果出现。

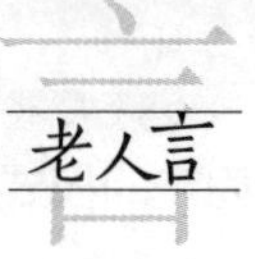

4

退学的比尔·盖茨

学位是根据专业学术水平由高等院校、科研机构等认定后授予的学士、硕士、博士等称号。学位证是获得学位的证书。学位证只能表示你的过去的学术水平，它代替不了你未来的学问及发展与全部。事实表明，尽管有学位的成才者比比皆是，但也有许多青年人没有学位证，包括创业成功也并不一定需要学位证。

今天看来，也许他是一个天才，13 岁开始编程，不到 20 岁便写出 BASIC 语言，并自信地预言自己将在 25 岁成为百万富翁。他是一个商业奇才，独特的眼光使他总是能准确看到 IT 业的未来，独特的管理手段，使得不断壮大的公司能够保持活力。他的财富更是一个神话，31 岁便成为世界首富，并连续 12 年登上福布斯全球富豪榜首的位置。这个神话般的传奇人物就是 1973 年进入美国哈佛大学，1975 年辍学创业而未拿到学位，今天无人不晓、大名鼎鼎的微软公司创始人——比尔·盖茨（Bill Gates）。

如今，如果你的办公桌上有一台个人电脑、里面几乎必定装有微软的操作系统。比尔·盖茨使个人计算机变成了日常生活用品，并因而改变了每一个现代人的工作、生活乃至交往的方式。因此有人说，比尔·盖茨对软件的贡献，就像爱迪生发明创造了灯泡，给人类带来了现代的光明与文明。

比尔·盖茨 1955 年 10 月 28 日生，他的童年是在美国华盛顿州的西雅图度过的。1969 年，盖茨所在的西雅图湖滨中学是美国最早开设电脑课程的学校。当时还没有 PC 机，学校只搞到一台终端机，还是从社会和家长那里集了大批资金才买来的。这台终端机连接其他单位所拥有的小型电子计算机 PDP－10，每天只能使用很短时间，每小时的费用也很高。盖茨像发现了新大陆一样，只要一有时间，便钻进计算机房去操作那台终端机，几乎到了废寝忘食的地步。13 岁时，他便独立编出了第一个电脑程序，可以在电脑屏幕上玩月球软着陆的游戏。这一年的 7 月 20 日正好是美国宇航员阿姆斯特朗和奥尔德林乘登月舱，代表人类第一次踏上了月球表面的日子。盖茨心里想，我不能坐宇宙飞船去月球，那么让我用电脑来实现我的登月梦吧！

后来他帮助一家名为 CCC 的电脑公司抓臭虫，用除虫的报酬来支付他们操作电脑的费用。什么叫臭虫，这是电脑行业里人们称呼软件中的错误的代名词，即讨厌的臭虫（Bug）。因为一旦有了这种臭虫，就会使电脑导出错误结果或死机，美国发往金星的水手号火箭和法国职权利亚娜火箭，就曾因为电脑软件的故障（臭虫）而使发射失败，损失几亿美元。盖茨兴冲冲地约了同学中的几个电脑爱好者，每天晚上 6 点左右，CCC 公司员工下班之后，他们便骑自行车来到那里上班了。那里有许多台电传打字终端机可用，有各种电脑软件可尽情研究，真是如鱼得水。盖茨对电脑软件太着迷了，几乎整晚都待在那里，就像他在小学时就立志要搞出新名堂一样地执着。每个晚上，他都要在 CCC 公司的记录本上写满了他和伙伴们发现的电脑臭虫。通过这一段时间的抓臭虫，盖茨使自己在电脑硬件和软件方面学到了许多书本上和学校里学不到的知识和技能，为日后的研究开发打下了精深的功底。

1970 年，当盖茨 15 岁时，他的电脑才能已远近闻名了。1973 年，美国国防项目承包商 TRW 公司要开发一套用于管理水库的电脑监督控制系统，可是老是消灭不了各种电脑臭虫，进度缓慢，眼看要遭到违约处罚了。在这紧急关头，TRW 公司得知盖茨和保罗两个小电脑天才的事情后，便向他俩求援，两个男孩高兴地答应了。这是一件很专业化又很艰难的工

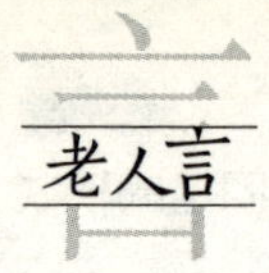

作，而且按规定，中学生只能拿工读生的低工资。但是盖茨并不计较，他主要目的是通过这种工作来提高和锻炼自己的软件设计能力。湖滨中学也很开明，允许高年级学生在完成规定课程后去企业实习和工作。由于盖茨和保罗的加入，终于使 TRW 公司按时完成了项目，免受巨额罚款。而盖茨和保罗则得到了该公司一位电脑专家的具体指导，使两人的软件技巧得到了提高。

盖茨曾写过一封著名的《致爱好者的公开信》，震惊了计算机界。盖茨宣称计算机软件将会是一个巨大的商业市场，计算机爱好者们不应该在不获得原作者同意的情况下随意复制电脑程序。当时的计算机界受到黑客文化影响，认为创意与知识应该被共享。盖茨随后离开校园，一手创办了世界上最成功的企业之一——微软公司，并逐渐将软件产业化。

1975 年，年仅 19 岁的盖茨预言：“我们意识到软件时代到来了，并且对于芯片的长期潜能我们有足够的洞察力，这意味着什么？我现在不去抓住机会反而去完成我的哈佛学业，软件工业绝对不会原地踏步等着我。”

1990 年，微软推出 Windows 3.0。

1995 年，微软推出了 Windows 95 操作系统，这是一款真正意义上划时代软件。让用户摆脱了烦琐枯燥的 DOS 命令，从而使个人计算机变得极其简单易用。

1998 年，微软推出了 Windows 98，受到广泛的欢迎，微软巩固了计算机软件业的霸主地位。

2001 年年底，微软推出了 Windows XP，并且盖茨亲自来到时代广场推销 Windows XP。

2006 年 3 月 10 日，2006 年美国福布斯“全球富豪榜”揭晓，微软的比尔·盖茨连续 12 年成为世界最富有人士，他的净资产由 465 亿美元增至 500 亿美元。

2006 年 6 月 15 日，盖茨宣布 2008 年 7 月将隐退，届时将辞去首席软件设计师一职，并不再参与微软的管理事务。隐退后的盖茨将专心于比尔与夫人美琳达盖茨的基金会，盖茨将几百亿的家财捐献给这个慈善基金会。

更有意思的是2006年6月7日，在微软创始人比尔·盖茨辍学32年后，他获得了母校哈佛大学荣誉学位。从无先例，哈佛大学如此宽容，教务长史蒂文·海曼教授当天授予盖茨荣誉法学学位，盖茨终于“正式毕业”了。海曼说，盖茨是哈佛大学1977届“最杰出的”学生，现在是他的母校向他颁发证书的时候了。

“老爸，我一直告诉您我会回来拿到我的学位”，盖茨对着出席仪式的父亲说，“为了说这句话，我已经等待30多年了。”

盖茨1973年进入美国哈佛大学，1975年辍学创业，仍然被视为哈佛大学1977届毕业生，只不过此前他一直没有哈佛学位。但是，这正好说明成功并不一定需要学位证！

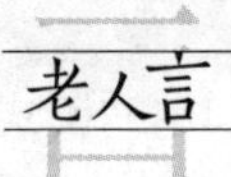

5 杀出绝地的史玉柱

在中国的创业成功者中不能不介绍一个人，那就是“失败大家”“第一负翁”、而现如今却是当代中国经济风云人物、被称为“理财”大师的史玉柱。史玉柱在总结他成功创业的旅程中说过一句惊世名言：我的成功不是靠忽悠！以“人”为镜，名人史玉柱的成功、成才经验已经鼓舞了千百万人，至今仍然让无数的青年人受益。

史玉柱，男，1962 年 9 月出生，安徽怀远人；1984 年毕业于浙江大学数学系，分配到安徽省统计局，1989 年研究生毕业于深圳大学研究生院软科学专业。毕业之后这个青年人随即下海创业。1991 年，史玉柱成立巨人公司；同年 38 层的巨人大厦设计方案出台，后因头脑发热一改再改，从 38 层蹿至 70 层，史玉柱要造号称当时中国的第一高楼，所需资金超过 10 亿元。1994 年年初，巨人大厦动土，计划 3 年完工，当年史玉柱当选中国十大改革风云人物。1995 年，史玉柱被《福布斯》列为大陆富豪第 8 位。1996 年，史玉柱将保健品的全部资金调往巨人大厦，保健品业务迅速走向衰落，巨人集团危机四伏；1997 年，因为冒进，巨人大厦轰然“倒塌”，巨人集团名存实亡。此时因欠债过亿，可谓“失败大家”，国人笑称史玉柱为中国第一“负翁”！（至今此“美名”在身）。

品尽失败苦涩，从头做起，男儿本色当自强。

1998 年，史玉柱开始做“脑白金”，二次成功，在上海注册了健特公司，在珠海注册了士安公司，史玉柱是事实上的老板。2000 年，史玉柱“从人间蒸发”两年后，又开始在媒体露面。2004 年 11 月，史玉柱成立征途公司，进军网络游戏产业。早在2006年，在上海瑞金宾馆，网络游戏《征途》举行上线新闻发布会，只一年时间《征途》打破国内同类网游最高同时在线人数的纪录，如今《征途》早已开始大规模赢利。

今天，拥有数百亿优质资产的史玉柱赢得了“营销大师”、“商业奇才”的赞誉；事实胜于雄辩，史玉柱是当之无愧重新站立起来的巨人!

以“史”为鉴，这是征途内部非常著名的一句话。史玉柱从汉卡、保健品到网游，涉足三个领域，历经失败与成功，有人说一次成功是偶然，两次成功是运气，三次成功则是实力。

在决定要做脑白金之前，史玉柱在珠海经历了从“中国富豪”到“中国首负”的迅速转变，负是负债的负。前后落差实在太大，脑白金出来的时候，史玉柱把自己藏得很深，像一个忍者。

低调是心理需要，但工作却没少做。做脑白金的这段时间里，史玉柱跟一些商场柜员、农村大姐大妈混得很熟。史玉柱认为，脑白金的成功没有一丁点的偶然因素，归根于他本人带领的团队对目标消费群的调查与研究。

当初的副手刘伟，如今已是征途网络的总裁。刘伟认为，史玉柱能重新爬起来，他的成功主要有三方面原因：特别勤奋、心无旁骛、坚持不懈。

史玉柱爱看书，通宵看，厚厚的一摞，第二天刘伟给他整理桌子，说都看完了。脑白金很多宣传文章都是他自己亲手写的。

只要认准的事，史玉柱不轻易放弃。脑白金正是看到许多中老年人失眠、肠道不好的“迫切需求”，机遇而生。脑白金试销一年后在全国迅速铺开，月销售额飙升至1亿元，利润4500万元。与此同时，大部分中国人通过电视动漫两个卡通老人跳舞的画面记住了“今年过节不收礼，收礼只收脑白金”这句著名的广告词。

很多人说脑白金能做起来是靠广告，靠忽悠，刘伟对此并不认同，其实是脑白金的效果好，有口皆碑。

“骗消费者一年，有可能。骗消费者十年，不可能。”我的成功不是靠忽悠。史玉柱认为口碑宣传是最重要的，时间最能说明问题。脑白金刚成功的时候，很多人说不用一年就垮掉，结果卖了超过10年，现在还是同类产品中的销售冠军。历史证明，过去那些对脑白金的批评是没有根据的。

现在史玉柱每天都坚持吃脑白金、黄金搭档，他说自己的员工可以作证。

《征途》2006年在上海瑞金宾馆召开上线新闻发布会，史玉柱站在台上向记者喊话，称自己是一个20多年的老玩家，“我懂游戏。”很多人听到这话都窃笑，包括一些征途员工。

《征途》刚开始做不久，就说要做第一，当时大多数员工都认为老板在吹牛。公测人数突破30万人时，史玉柱提出“保60万、争80万、望100万”的目标，很多人也都认为不靠谱。如今根据征途掌握的数据，《征途》已是同类网游在线人数与营收领域的老大。

一次次目标的兑现，让一些自命清高的研发能人由不可思议到心服口服。也许，他们没见过第二个这种每天花十几个小时打游戏，第二天总能甩出一些修改建议的老板。《征途》项目负责人透露，史玉柱身兼主策划，最重要测试员、资深玩家数职。

史玉柱拥有管理上的绝对权威，但在业务层面每个征途人都有自己的观点，这块人人平等。一个难题没了招儿，就召集大家开会讨论；倘若都没有主意了，就散会，回去继续想。史玉柱常在回家的车上灵感迸发，按捺不住就给项目负责人打电话。有时候是馊主意，有时候是妙点子。

《征途》出名后，同样遭受了很多非议。也许，史玉柱对钱并不看重，据说开会时他从没说过《征途》要赚多少多少钱，只是说要把工作做到极致。史玉柱把外界对脑白金、《征途》的骂名归结到自己当初的失败上面。因为失败过，给大家留下的印象根深蒂固。失败者做的事情，很容易被从负面的角度来看。如果过去一直成功，则不会这样。这是一种文化，中国历来对待失败都不宽容。

《征途》总部“藏”在上海桂林路浦原科技园一栋并不显眼的八层小楼里，向东 15 千米是上海第一高楼环球金融中心。这时的史玉柱，已经不是当初珠海那个好高骛远、好盖高楼的史玉柱。那次摔得太狠，太彻底，如今他成了“彻底的保守主义者”。

外面看来仿佛是个怪人的史玉柱，其实只是一个普通人。关于理财、创业，作为一名成功者，史玉柱说过很多话，其中许多都是他的经验，富含哲理，充满智慧。

▲这么多年来，我总共做了三件事，保健品、金融投资、网游。都是成功，没有失败，但都遭到非议。脑白金主要是靠回头客，我骗了十年？不可能！还有黄金搭档和施尔康、善存一样，主要元素就是维生素和矿物质，怎么骗人？配方还不是我设计的，是中国最权威的中国营养学会设计的。

▲关于《征途》的商业模式，一，大部分的质疑都是针对免费游戏模式，不是我一家走免费模式。免费模式是韩国人发明的，热血江湖是第一个做的，盛大是第一个宣布。二，人均消费最高的也不是我，一些对手是我们的 6 倍。我们销售收入高，因为我们人多；三，开箱子也有人骂，某企业一个月靠它赚 6 千万，大家都开始做的时候，我们才开始做，现在没有一家免费游戏不做开箱子。

▲我们不消费玩家占据 80%，真正花钱的玩家只有 8%，剩下是花钱很少的，几个月才花十几元。

我看过所有批评的文章，都是没有玩过《征途》的人在评论。谁说了都没用，最有评判资格的就是玩家。《征途》上线 2 年后，玩家人数便持续上升，这是极其罕见的，这说明我们对玩家、对社会做了大量工作。

▲在通过脑白金完成了资本积累后，我投资了金融，因为不想犯错

误。但这块居然也有负面声音，说我们炒股票，搞“投机”。我拿着华夏跟民生股份四五年了，没卖过，这怎么算投机。从正面可以说是很有眼光，但我做啥事都有人从负面说。当年我还债，也是 80% 的评论是负面的。

因为我失败过，给大家留的印象根深蒂固，最失败总是想到我。如果我过去一直成功，不会这样，这是中国文化。我在硅谷的时候跟很多人聊过，如果硅谷搬到中国不能成功。硅谷容忍失败，投资人甚至更喜欢失败次数比较多的人，他们再犯错误概率更低。但中国的历史文化对失败者是不宽容，打内心不容忍。

▲11 年前我胆子却是很大，如今已过 45 了，从那次摔跤之后一直没什么冲劲。现在像我们企业这个规模的，哪个不是到处投资。我认识几十个朋友，都在投资。我近年一直反对多元化，这说明我胆小。我有个企业家朋友圈子评胆子最小，我是第一名。

▲那一跤摔得太狠，太刻骨铭心，后来就有了一个信条：宁可错过 100 个机会，不可投错一个项目。企业家最大挑战在是否能抵挡诱惑。过去十年，我抵挡住了诱惑。失败是我与团队最大的财富，现在做什么都拿那段惨不忍睹的历史做比较，反复考虑会不会失败，失败了怎么办？危机感足了失败机会反而小了。

▲利润肯定是要追求的，主要是当作一个事情来做。作为一个企业，对社会贡献最大的就是创造利润，纳税。企业亏损是要危害社会的，我的企业曾危害过社会，不能再危害，所以利润是很重要的。

▲所谓的首富其实都只是一些数字，我个人几乎没有钱，公司的现金也不多，钱主要投入到可变现的优质资产去了。

走好每一步的俞敏洪

说学界的人才，中国有一个“最富的老师”，那就是眼下在学界里几乎无人不晓的“新东方”创始人俞敏洪。

俞敏洪，男，1962年出生于江苏省江阴市，1980年考入北京大学西语系，本科毕业后留校任教；1991年从北大辞职，进入民办教育领域，1993年创办以出国留学外语培训为主的北京新东方学校，现任新东方教育集团董事长，身价过亿。

经过多年的奋斗与努力，“新东方”目前已经占据了北京大约80%，全国大约50%的出国培训市场，年培训学生达几十万人次，并在国内国际近百个城市设立了分校，成为中国最大的综合性培训机构。“新东方”现在每年成功帮助成千上万的学生出国留学，国外的留学生中约70%是其弟子，由于他对留学教育专业的杰出贡献，被社会誉为“留学教父”。同时俞敏洪先生也从一个普通教师演变成中国最成功的企业家之一。

2006年北京时间9月7日22：24，新东方教育科技集团（EDU）在美国纽约股票交易所开始交易，开盘价22美元，比发行价15美元高出7美元，涨幅达46.66%。新东方校长俞敏洪在新东方上市后仍将拥有公司31.18%的股权（4400万股），按每股存托凭证相当于4股普通股计算，俞敏洪的身家已高达2.42亿美元。可以说俞敏洪是当之无愧的中国“最富的老师”。

俞敏洪的成功，用他自己的话来说，就是：“不用管事情有多大，只要自己坚持去做就可以了。”实际上总结他成才的经验，就是走好每一步，一步一步做好每件事，则最终、整体的结果自然就会达到目标。

中国的年轻人，只要有过留学之梦并为它作过努力，都知道“北京有个新东方”。俞敏洪的名字一直和托福（TOEFL）、GRE、雅思（IELTS）等国内外的考试与教育联系在一起。

俞敏洪的智慧，在于在他的努力下，一步步走过来，新东方在国内营造出了一种考试精神与考试教育经济。综观世界各国，作为一种考察与选拔人才的方法，很多考试我们必须参加，否则我们连进门的机会都没有。

高考的经历，对俞敏洪以后的人生经历是个重大的铺垫。因为英语失利，俞敏洪两度报考江苏常熟师范而落榜。在这里，放弃与继续成为一个重要的转折。就是这么凑巧，第三年的时候，县政府办了高考英语补习班，补习班的主讲老师培养的一个女学生考取了北大的外语系，因此这个班变得炙手可热，并被限制了名额。“后来是我老妈听说了这事，我老妈就跑到城里去了，农村妇女一抹黑，她居然从教育局找到江阴一中，找到所有的相关人士，居然能把他们弄到一起，最后求他们收我这个儿子，你们一定要给他一个机会。”俞敏洪回忆当时的情形“我记得特别清楚，当我母亲从城里回来的时候，刚好是下大雷雨，从城里走到村全是小路。我母亲回来的时候浑身全是泥，因为她摔在沟里好几次。看到这个场景，我就知道，我第三年是不可能不上大学的，有这种感觉。”

在补习班，俞敏洪学习勤奋、积极、主动。他说，当你目标明确，把拼命作为一件快乐的事情的时候，那就没有什么可想的了。最后，俞敏洪的高考总成绩和英语成绩都超过了北京大学的录取分数线，成为那年北大在江苏录取西语系的两个学生之一。说来可笑，连报北大的志愿都是他的老师帮他填写的。有意思的是，那位老师还写有一手漂亮的钢笔字。

如果说，母亲曾经给了年少的俞敏洪动力的话，在毕业留校任教的那段时期，俞敏洪的动力可能来自于他的妻子。“女人的温柔和男人的能力是完全成正比的。男人能力好了以后，女人一定温柔。男人能力差了以后，她就一定会变得强悍。所以我跟我老婆的关系经历了温柔的恋爱，强悍的婚姻，最后又变成了温柔的家庭”。俞敏洪说。毕业任教的那段时间，身边的朋友同学大多留学国外名牌大学寻找更好的人生选择。俞敏洪也作过出国的努力，但因为经济的原因而未果。“当时我觉得，老子就这样，你爱跟我不跟我。再一想，好不容易25年才找到这么一个女人，自己作为男人是应该努力一些。”后来，俞敏洪因为参与民办的讲课辅导而被学校严厉批评并上了闭路电视，成为校内的知名人物，1991年的形势，让他勇敢地抛弃了工作，开始了艰辛的创业。到了1993年，这个北京大学的留校老师，开始创办了北京新东方学校。

现在问起俞敏洪当年在北大的同事，俞敏洪最喜欢什么啊？大家会笑着回答，他最喜欢电线杆子。

俞敏洪说，新东方最初创立的时候非常艰苦，为了宣传自己，经常在电线杆子上贴招生简章，和那些性病广告混在一起，结果被居委会大妈抓住一个一个地抠掉。“我带着新东方的老师去抠过，那些大妈看我这小伙子挺实在，还帮我一起抠广告，后来还帮我把这些广告贴在了广告栏内”。

1993年，当时他招的学生越来越多，别的培训机构的学生就越来越少，竞争对手急了，先是大面积覆盖广告，最后就变成了互相的争执，最后就干脆拿着刀子在那个广告柱边上等着，老俞一贴他当场就撕，还把老俞手下的员工给捅到医院去了。没办法，老俞只能求助公安，结果一口气喝下了一斤多五粮液，老俞直接被送进医院。后来就冲着他的这份不要命的劲头，新东方在海淀区算是站住了脚。从此，老俞不再只是个斯文的老师，他必须学着和读书人之外的人周旋，必须带着几分狠劲儿跟竞争对手一拼到底。这会儿，我们大概能够依稀看到，一个俞老板，一个未来中国最富有的“教师”，已经开始崭露头角，走向成功了。

后来的办学、招生宣传推广方式多了起来。在北京图书馆的免费讲座是俞敏洪难以忘怀的一次经历。1993年的12月，他租了一千二百人北京图书馆的报告厅进行免费的讲座。“这么冷的天我穿着大衣都觉得冷，我想也就最多来个几百人就算了。没想到一来来了四千人。四千人进去了一千二百人，北图就把门关上了。进不去学生就很愤怒，在外面又推门又砸玻璃，结果把整个紫竹院的几十个警察全部给招过来。警察弄过来站成一排，学生根本就不买账，把警察推开继续推门。”俞敏洪回忆当时的情况说。

俞敏洪想亲自出去平息学生们的怨气，警察说你出来学生就把你撕碎了。俞敏洪没有听从警察的劝阻，礼堂里面由其他的同事代讲，他自己还是走出了大门，站在一个大垃圾桶上给学生们讲起来。“我的衣服全部脱在礼堂里面，只是穿了一个衬衫。我一挥手，我说大家不要闹了，我就是俞敏洪”。这时，所有的学生就安静下来了，俞敏洪在外面讲了一个半小时。“本来很多学生都愤怒地看着我，讲着讲着学生就很开心很高兴。有的学生把他们身上的大衣脱下来给我穿。讲完了以后，派出所二话没说就把我带走了，罪名是扰乱公共秩序”，当然一番沟通，后来他们也认可了新东方的办学。

事业不断发展，管理水平也在不断提高，不懂就学习、请教，新东方要变成一个制度健全、管理科学、与国际接轨的现代化企业。早在2002年的时候，大家就做了一个决定，任何人的亲属，都不能在新东方干。当时同事们还是给老俞留了个特权，因为老俞毕竟是创始人。但这次老俞没含糊，当机立断表了态：我的家族全部拿下！这下动静可大了，自己的姐夫，老婆的姐夫，当然还有老婆大人、母亲大人，被老俞得罪光了。但老俞挺住了，他通过了人情的考试，真正变成一个有点现代企业家意识的老板。

这之后，新东方最激动人心的事情莫过于在美国上市了。老俞早就是有钱人了，但上市以后，算是跻身富豪之列。今天俞敏洪成功了，这个戴眼镜、长脸蛋、智慧的年轻人早已是全国响当当的名人！

俞敏洪的下一个目标是什么？告诉你吧，俞敏洪他决定用10年以上的时间，投资若干个亿，办一所高质量的私立人文大学！

俞敏洪说："信念和激情这两个词是连在一起的，激情是信念的一种外在表现，如果内心没有信念的话，外在的言行不可能产生激情，所以激情是源于对自己内心的一种认可，放到企业身上是对企业的价值体系和对社会所做贡献的一种认可。"

"我始终相信生活不会有绝境。不管有多少困难、挫折、失败，我都鼓励我的学生、我的员工和我自己，继续奋勇向前。"

"如果一个人有了信念，就像是两只手和两只脚都撑在地上一样，你就不太容易摔倒了。"

"不用管事情有多大，只要自己坚持去做就可以了。"

"……岳母对我更加爱护，觉得我尽管尖嘴猴腮，但五官并不歪斜，架着眼镜还有点文质彬彬……我岳父把我砌的煤池子保留了很多年，逢人就说：'这煤池子是我四姑爷砌的，他就是那个新东方学校的校长。'"

"……说到底，强壮的体魄、健全的人格、不断提高的生存能力，才是立足社会不可或缺的基本素质，而这些是'喂'不出来也不能被给予的。"

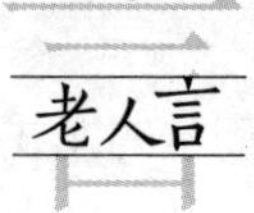

7

人生关键处只有几步——原创维集团董事长黄宏生北大演讲

这是原香港创维集团黄宏生董事长1998年5月在北京大学关于走向成功的演讲词，他现身说成功，言语真挚，催人奋进！

黄宏生曾经是一名成功的企业家，他的成功来自于他的睿智与辛勤地工作。不过一失足成千古恨。据新华社香港2006年7月13日电（记者陈思武），创维数码控股有限公司（创维）前主席黄宏生及其胞弟、创维前执行董事黄培升因串谋盗窃及串谋诈骗5000多万港元等4项罪名成立，13日两人分别被香港区域法院判处有期徒刑6年。

善有善报，恶有恶报。这正说明任何人做事都要遵纪守法，按规矩办事，否则，必将受到法律的惩处，遗憾终生。成功与失败只有一步之差，人生当慎重！尽管如此，但这并不影响上述他在北大的那次演讲的质量，因为它是一篇有水平、来自实践、富含哲理、充满智慧的演讲词。

各位领导、老师、同学们：

大家好！十分有幸能有这样的一个机会来与各位探讨走向成功之路的问题。二十年前，我走进大学校园，以一个普通知青的身份。二十年后，我再次迈入校园，以香港创维集团董事长的身份。两种身份的转换之间是曲曲折折、斑斑点点的成长痕迹。我愿意以我的经历来为更多的人提供借鉴和帮助。成功从来不是一蹴而就的，但踏遍坎坷终究会有阳光大道。江山代有人才出，相信在座的同学在跨出校门，投身社会之际，会有自己正确的选择，亦会做出骄人的业绩，明天属于更年轻的一辈！请把责任放在你们的肩上。

一、人生关键处只有几步

看到诸位同学年轻而充满激情的面庞，我深切地感到自己似乎又回到了“指点江山、激扬文字，粪土当年万户侯”的青年时代。的确，人生道路只有在往后回顾的时候，才能觉察它的真谛，但我们却必须向前活着。

天将降大任于斯人也，必先苦其心志，劳其筋骨，饿其体肤，空乏其身，行拂乱其所为，所以动心忍性，曾益其所不能，我觉得这是亘古不变的真理。

我在海南琼中县黎母山区度过了四年半的知青生涯。16～24岁的花季只能用艰苦卓绝来形容，那里荒无人烟、猛兽出没，整日与大山做伴，我并没有迷失未来的方向，明晰的一点就是不虚度光阴，每天写日记，看看《十万个为什么》，复习中学的课程。《基度山伯爵》一书的最后一句话是：“人生就是等待和希望”，我终于等来了1977年的高考，它成就了我人生的转折。在年轻的时候经受一点艰苦，绝对不是坏事，有过那样一段经历，所有的困难我都能泰然处之，绝不逃避。

21岁才迈进大学校门的我十分珍惜这个机会。在班上提问最多的总是我，我喜欢追根究底，缠着老师不放，别人总觉得向教师提那么简单的问题十分可笑，但我认为最重要的是把问题彻底搞明白，我是只笨鸟，就要先飞，争分夺秒是我的招数。四年下来，我的成绩全年级第一，平均分数93分，我喜欢笑到最后。

大学不仅是学习知识的所在，同样是结交朋友的所在。那些诸如“广东省十大三好学生”之类的称号只不过是那段光荣历史的注释而已。我更看重的是自己的班长生涯。一个乐于助人的人才会有能力组织团结各有想法的人聚拢于自己的周围，这无疑是做大事的基础。一个人很难单枪匹马的成功。我能营造出如此广阔的创维空间，正是在于许多友人的支持。一个人一定不能过高地估计个人的力量，所有的成功都来源于合力，真正的合力。一个人要靠两条腿走路，一条是自身的才干，而另一条是广泛和无坚不摧的人缘。这是走向成功的两大法宝。

二、学会放弃

放弃已有的一切，难于从零开始。

人如果总是躺在功劳簿上，不求新的突破，便会渐渐泯然众人矣，我宁愿选择螺旋式的人生曲线，也不选择平直的生活道路。

告别校园后，我走进了中电华南进出口公司。初入社会的我发现生活并不是想象的那样美好，每天面对的是琐碎的一切。我曾经在冷板凳上坐了一年多而无人问津。但我懂得给自己创造机会，我主动向领导请缨，要求成立极有发展前途的电脑事业部。果然，在我的努力下，这个部门的经济效益在整个华南公司首屈一指，最高时达到公司的80%，当我由助理工程师到电脑事业部长、副总经理，并成为公司有史以来最年轻的常务副总经理（副厅级），完成了别人看来是火箭式的飞跃时，我想到不是如释重负，坐享其成，而是更深的思索，我觉得自己应该从另一个角度去体验和实现人生价值。我萌发了创业的念头，而这个念头的代价是放弃来之不易的成绩。

三、承受失败

我开始走令常人难以理解的人生道路。多年的电子贸易生涯使我清楚地知道了中国电子产品的水平。广东不缺外贸人才，缺的是高科技电子企业。创建电子企业成为我的初衷。但生活给予我的礼物是接连不断的打击。

我以代理电子产品出口、组织进料加工开始资本积累，原来生意场上的朋友瞬间成为竞争对手，纷纷为各保自身而割袍断交，人地两生的我处于经济拮据、孤立无援的境地，加之基础薄弱，市场不熟，生意经济的中间环节太多，货品难以出手，连连出现亏损，急切之中我病倒了两个月。

但雪上加霜的打击却毫不心慈手软，1989年我筹集有限的资金在东莞办了第一个电子企业，生产彩电遥控器，由于技术失误不能成气候。

其时，香港开始丽音广播的试播。我又抓住机会与飞利浦合作开发解码丽音机，以期先声夺人，但丽音广播需要另设人员进行编码方可实现。正当我全力投资该项目时，香港台因试播后成本太高，突然停播丽音信号，顿时造成大量丽音产品的积压。操之过急的开发使我又损失了500多万港币。

为背水一战，我又咬牙签署了个人担保贷款。组织队伍开发彩电。当时国际上已兴起第三代集成电路，而我们的彩电明显滞后，300万的开发费付诸东流。

功夫不负有心人。1991年，香港著名的彩电企业讯科集团因财政困难，急于出让，由于当时世界彩电市场每年销售量可达1.5亿台，潜力巨大，争购者如鲫而至，香港录像带大王瑞林集团用十几个亿收购讯科。但在人才的选拔和任用上，它将讯科集团有才之士一并排挤，从英国调来生手打理，引起内部混乱。我觉得人才是最宝贵的财富，抓住机会游刃口舌，用半年时间的不懈努力将30余名怀才不遇而有专长的科技人才纳入自己旗下，并出让15%的股权吸引他们技术入股，使自己这间名不见经传的公司获得了相当的技术支撑。

9个月之后，即1991年年底，创维就推出了新型电视，并在德国展览期间出人意料地获得了2万订单，银行贷款随之而来，利用信用额度的滚动支持，我得以还债翻身。

在初尝成功的喜悦之后，我不断督促企业推陈出新，率先开发出具有自动识别功能的新型彩电。产品制式的普遍适应性使创维在全球85个国家和地区建立了稳固可靠的销售网。

1992年，我已拥有年产20万台彩电的东莞生产基地，开始不满足单纯外销，决心踏入国内彩电市场。经过广泛调查和接触，创维与中国电子器件工业总公司合资成立了深圳创维RGB电子有限公司。我开始挤进国内彩电市场，我相信自己会成功。

创业从来不是一帆风顺的，随着新产品越来越少，产品质量的下降，国内外索赔竟有了3000万之巨，我又一次感到四面楚歌。

必须有一批技术过硬的顶尖人才，才会为长远发展打基础，我跋山涉水，将在数字技术开发方面技高一筹的同学从北京请来，又将促进国内市场开发的重任托付于富有经验的老手。为公司充实了一批新军，竞争机制也被引入，下沉的船又浮起来了。

今天创维已经进入了全国头5名的行列，它的市场版图的进一步扩展，便是我的成功。

四、成功是辛酸的集合

人生的路只有躬行，才知其中的酸甜苦辣，畏惧困难，不敢前行的人比那些走弯路的人还不如。

我总觉得世界上1%的人是吃小亏赚大便宜，而99%的人是赚小便宜吃大亏。而大多数成功人士能源于那1%。

不能光看眼前利益，你们踏入社会学做事，首先要学做人。“诚信为本，仁爱为怀、谦虚刻苦、自强不息”才是正确。

成功的背后是辛苦、是勤奋、是执着、是毅力、是专心。

年轻人的成功绝不是在有空调的房子里喝茶、看报。也不是在腰包鼓鼓后向周围的人炫耀。仅以待遇选择工作，判断好坏是肤浅的。你们的选择一定要将眼光放远，看3~5年以后什么是适合你的，而不是在走出校门之后就踏进安乐窝，一事无成。

最基层的工作往往能给予你全面的锻炼。它所给予你的经验远远超过在安适的单位单调地从事某一环节的研究。你应该要求自己全面发展，而不仅仅在小的领域满足。

你们能行的，你要相信自己，决不气馁。你要相信自己的天赋，有做某事的能力以及无论如何也要完成的意志。生命给予每个人的机会，尤其对于有知识的青年来说，未来的成功都成长于今天，请看重每一天的耕耘。

成功不仅仅是财富的积聚，这是我在企业界沉浮多年的感触。古人云

“钱财是身外之物”并不是虚言。从东南亚的金融危机来看，有多少富豪大亨的财富瞬间乌有。曾经呼风唤雨的百富勤头领梁伯韬败走麦城。仅以金钱的数量来构筑成功之桥，终会因支撑的不够而崩溃。应该说，时势造英雄。时代给予你们这一代的机会太多了。多得或许你自己都不明白应该做什么。“一生只做一件事”便是一种启示，一定要专心致志地投入一件事，全力以赴。你专心打一口井，胜过你打十口挖不出水的井。你们当中有些人或许会在3~5年内发达起来，成为最年轻的企业家。但重要的是永远对自己有清醒的认识。不能被成功的光环冲昏头脑，忘乎所以。

人生的路很长，但关键处只有几步，走好这几步，便会柳暗花明，豁然开朗！去争取吧！

“天生我材必有用”，谨以此句与大家共勉。

（见1998年5月7日《中国青年报》4版）

第七章

人不可无志

1

人不可无志

“立志”指的是立下志向、志愿，一个立志的人就是立下了上进成才的决心，立下远大的理想、崇高的目标及实现它们的勇气。古往今来，国内国外，凡成功者，皆立有志，盖莫例外。孔子曰：“三军可夺帅也，匹夫不可夺志也。”诸葛亮有名句：“志当存高远。”秦朝末年的农民英雄陈胜，胸怀“鸿鹄之志”，揭竿而起，他们领导了中国历史上的第一起叱咤风云的农民起义。

人的一生从少年立志，至青年、中年、老年立志，总之，人不可无志，志伴人生。拿破仑说过一句警世名言：不想当将军的士兵不是好士兵！如今，这句人人皆知的话，骨子里饱含着的就是鼓舞、激励做人的志气。一代枭雄曹操有诗《步出夏门行》：“老骥伏枥，志在千里。”意思是说老了的良马，虽然伏在马房中，仍旧想去跑千里的远路。今天它用来比喻有志的人，尽管年龄大、人老了，但仍有雄心大志。

有志者事竟成

中国历史上最有名的励志成功的例子，是成语“卧薪尝胆”所说的那个著名的、经典的故事。《史记·越王勾践世家》记载：“吴既赦越，越王勾践反国，乃苦身焦思，置胆于坐，坐卧即仰胆，饮食亦尝胆也。曰：女（同汝）忘会稽之耻耶？……”翻译成现在的语言，故事可以这样写：春秋战国时代，在公元前 496 年，长江下游的吴国和越国因小怨而爆发了一场战争。年轻的越王勾践以范蠡为军师，使吴军大败，年老的吴王也因伤重而亡。年轻的夫差登上了王位，他发誓消灭越国。三年后，夫差率领雄兵攻打越国。双方交战后，越败吴胜，吴国大军攻至越都会稽。文种买通离间吴国大臣伯嚭与夫差极力周旋，终于让夫差动了怀仁之心，不灭越国。这样，越国才得以保存。勾践率王后与范蠡入吴为奴。为奴三年后，夫差生病。范蠡抓住良机，让勾践为夫差尝粪而寻找病源，此举彻底感化了夫差，从而释放了勾践。回到越国的勾践，睡在柴草上，在房梁吊下一根绳子，绳子一端拴着一只奇苦无比的猪苦胆，每天醒来，勾践第一件事就是先尝一口奇苦无比的苦胆。二十年，二十年啊，他雷打不动，天天如此！那是何等的毅力？那是志向的力量在鼓舞着他！公元前 473 年，勾践秘起藏于民间的三万雄兵，一举将姑苏城团团围困。此时，夫差还有五万兵马，却因粮草难济而不敢出城一战，吴国终败。勾践创下了人类君王史的奇迹！他苦心励志，发愤强国，创下了以小打大、以弱胜强、以卵击石的人间神话！

卧薪尝胆的典故被称为中国几千年文明史中经典中的经典，勾践的超人意志与智慧演绎出“有志者事竟成”这一送给后人的大礼！

立志是成功的第一步

法国有一位科学家叫巴斯德，是著名的细菌学家，近代微生物学的奠基人之一。他说过一段名言："立志是一件很重要的事情。工作随着志向走，成功随着工作来，这有一定的规律。""立志、工作、成功，是人类活动的三大因素。立志是成功的大门，工作是登堂入室的旅程。这旅程的尽头就有个成功在等待着，来庆祝你努力的结果。"（《科学家成功的奥秘》P112－113）。

世界公认的大发明家爱迪生，他一生中申请专利的科学发明就有一千多项，每一项发明，都凝聚着他的心血和智慧，也展示着他的毅力。在他六十七岁的时候，一场大火将他的实验大楼烧得只剩下一片瓦砾。在灰烬里面，有爱迪生多年来为研究有声电影而收集、整理的所有资料和样片。当全家都为他伤心、不知如何办的时候，爱迪生却是那样的充满信心，乐观地说："不要紧，别看我已经六十七岁了，可我并不老，从明天早晨起，一切都将重新开始。"有人曾问过爱迪生，是什么使他产生这样顽强的毅力和勇气，他说："是由于我所追求的，是使我的一生，或多或少地激励一些人的努力，使我们的工作，或多或少地扩展人生的理解范围。因而给这个世界增添一份快乐。"正是由于这种远大的志向，促使爱迪生，在每次发明之后又开始新的劳动。这动力就是来自于创造与发明的新目标。

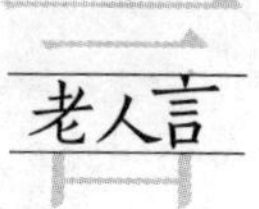

4

立志赚钱的温州人

立志是事业的大门，是成功的起点。无数的事实表明，干任何一项事业，都不可能是一帆风顺的。没有雄心壮志，没有吃苦耐劳的精神，则将一事无成。

从国内走向五洲四海，无人不晓，温州人是最能赚钱，最会赚钱的。改革开放之初，温州的青年人最早走出家门，离开老婆、孩子，热被窝，弹棉花、补铝锅、做家具……不过20年，20世纪之末，“浙商”、“温州”便已成为“财富”的代名词了。众所周知，温州已经是中国打火机的制造中心，更是“世界打火机的王国”。温州皮鞋，名扬天下。今天公认的事实是中国质量最好，款式最新的皮鞋一定是温州的产品。近年来温州炒房团亦是声名显赫……

一个有意思的事是，纵观天下，国内、国外，相当多的大中城市都有温州一条街屹立闹市区。这说明什么？龙行天下，雄心壮志！古人云：王侯将相宁有种乎？原来成才并没有什么天注定，全在自己闯天下！温州地僻人稠而能傲行全球，靠的就是壮志雄心！同样有10万元钱准备创业的人，一般的人会留下3万元作为退路，而温州人的志向是再借它10万元投进去，去创业、再创业，赚钱、再赚钱。温州人说，小立志小成功；胸无大志者，小富即安；而温州人是胸怀大志，大志才能大成功，赚大钱。到如今，成功的大老板中，温州人最多；温州人群中千人平均拥有的老板人数在全国也最多。

5

敢立大志的“杉杉”

创出“杉杉”名牌的老总郑永刚在1989年接手宁波甬港服装厂时，他还是才过30岁的青年人，那个厂尽管员工不到300人，亏损却超过1000万元。郑永刚上任伊始，他立志要创出天下的名牌，就在厂里两棵大杉树间拉出横幅——“创中国西服第一名牌！”这是何等的志气！十几年的打拼，郑永刚不留遗憾。如今，“杉杉”早已成为深入人心的名牌！旗下已拥有21个服装精品，两家上市公司，总资产上百亿元。

想当年，服装厂虽然拥有一流的设备，但主要还是为国外企业做加工出劳力，赚小钱。郑永刚的到来，他的经营之道，他的企业理念，是想要企业进行翻天覆地的变革。正是他的无形资产经营理念，构建了当时全国最大的服装市场销售体系，全面导入企业形象意识系统，使企业成为了中国服装业第一家上市公司。很快，企业建成了国际一流水准的服装生产基地。为了寻求更大的发展空间，他还把杉杉总部从宁波迁到了最具经济活力的城市——上海。

来到了上海，郑永刚加快改革的脚步，先后割舍了早期巨资建立起来的营销渠道，大规模裁减营销人员，撤掉遍布全国的分公司，而取代以特许加盟销售体系。最大胆的也是最重要的是，从服装加工领域抽身而退，将销售和生产全部外包，只负责品牌的核心运作、推广及服装设计。这种经营模式在中国服装界是超前的、大胆的举动，而且还将市场份额第一的位子拱手让给了竞争对手雅戈尔。

虽然在很多业内人士看来，杉杉把生产和销售全部外包的做法十分冒险，郑永刚既然有这样的胆量改革，也必然有他过人的胆识。他认为，品牌是第一位的，是企业的核心，企业的生命所在。因为在服装业，最关键的环节就是品牌营销。生产可以购买，销售可以控制，只有提升品牌这一价值链上利润最丰厚和最关键环节的竞争力，才有可能成为世界级的企业。市场购销的波形显示，消费者确实更愿意把钱掏给名牌。

郑永刚更知道，要实现总资产达200亿元人民币的现代化、国际化大型产业集团的目标，单靠服装产业显然是远远不够的。于是，郑永刚将杉杉母公司提升为投资控股公司，下设服装、高科技和投资三大板块，让“鸡蛋不能全放在一个筐里”，他的新目标是，大企业必须实现多元化发展之路。

郑永刚所具有的这一远大志向，过人的胆量与才能，及他非凡的见识，造就了一位中国企业界里的“巴顿将军”。“杉杉”出名了，郑永刚成功了！他被国务院研究中心评为中国经营大师；1999年被中国政府授予“国家级有特殊贡献中青年专家”称号；2000年被团中央授予“星星火炬”奖章；2002年被中国服装协会授予“杰出贡献奖”。

6

立志也要有智慧

干事情，干事业当有目标，但目标的选择与确立也一定要切合实际，要可望可即。正确地选准了目标，等于是成功开始走了第一步。也曾有人说，选准了目标，等于成功了一半。如果人生目标选择不当，或者选择错了方向，则很难成才、成功。德国思想家莱辛说得好："走得最慢的人，只要他不丧失目标，也比漫无目的地徘徊的人走得快。"扎扎实实，一步步完成小目标，一个个小目标实现了，大目标、大志向就能成功。关于确立志向与目标，大文豪高尔基有一个明智的观点，他认为，目标定得高一些为好。他说："一个人追求的目标越高，他的才力就发展得越快，对社会就越有益。"客观实践表明，事实确实如此。选择目标同样有大学问，遵循什么原则，怎样选择当然要视具体情况具体分析，要因人而异，同样靠的是知识，是智慧和实践。

志向，是成才的起点，是事业成功的大门；目标是成才的动力；智慧是力量的源泉。总之，无数的成功实践无不验证了那句名言——有志者事竟成！

注："有志者事竟成"出自《后汉书·耿弇传》，作者是南朝刘宋时的范晔（公元398—446年)，"将军前在南阳，建此大策，常以为落落难合，有志者事竟成也。"

第八章

身体是最终的依靠

1

活着，一切才有可能

人们容易忽视的一个问题，就是自己的身体。无病时，许多人，尤其年轻人，认为自己离老还远着呐，容易不注意自己的身体，有各种理由不爱惜和珍视并常常透支它，直到生病卧床不起时才体会到身体健康是多么的重要！

于娟，海归，博士，复旦大学优秀青年教师。她祖籍山东济宁，家中独女，有一个同为教师的丈夫与一个两岁多的宝贝儿子，家庭美满幸福。但2011年4月19日凌晨3时许，复旦大学32岁抗癌女教师于娟与世长辞。在2009年12月确诊罹患乳腺癌后，于娟用一年多的时间，在顽强与癌魔抗搏的同时，用生命写下了今天被称之为世间最著名的“生命日记”。日记中，她反思自己的生活细节，记录病后的点滴，其乐观、豁达的人生观感动了千万计的网友，也鼓励更多人坚强面对生活。于娟病中开设了一个取名为“活着就是王道”的博客，据悉访问量早已超过330万次（见2011－4－20《新闻晚报》A2－07）。

于娟说：“我想我之所以患上癌症，肯定是很多因素共同积累的结果，但是健康真的很重要，在生死临界点的时候，你会发现，任何的加班，给自己太多的压力，买房买车的需求，这些都是浮云，如果有时间，好好陪陪你的孩子，把买车的钱给父母买双鞋子，不要拼命去换什么大房子，和相爱的人在一起，蜗居也温暖。”

“我认识的所有人都晚睡，身体都不错，但是晚睡的确非常不好，回想10年来，基本没有12点之前睡过，学习、考GT之类现在看来毫无价值的证书，考研是堂而皇之的理由，与此同时，聊天、网聊、BBS灌水、蹦迪、吃饭、K歌、保龄球、一个人发呆填充了没有堂而皇之理由的每个夜晚，厉害的时候通宵熬夜。”

“人生最痛苦的事有三种：幼年丧母，中年丧妻，晚年丧子，如果我走了，我的父母、丈夫还有孩子，就会面临这些痛苦，所以我要坚强地活下去。”

于娟生病是不幸的，但她的故事感染教育了千千万万的人。同时，它也促人去思考关于身体健康的问题。

健康=幸福

已经说过，青年人有四大资本：年轻，身体健康，目标与激情，拼搏。的确，年轻与身体健康，能拼得起，是拼搏与成功的最大资本。如今是信息时代，世界变得越来越简单，功能强大的电脑其实只处理两个最简单的数：那就是“1”和“0”。改革开放后，在发展经济的大潮风起云涌之时，有专家说：您有健康的身体就是“1”，而成功，包括事业、创业、投资、金钱、父母、朋友、家庭、老婆、孩子、房子、车子……一切的一切就是后面的许多个“0”。虽然成百上千，甚至千万、万万，“1”没有了，身体跨了，健康没有了，以致生命没有了，尽管后面跟有再多的“0”，则仍然是“0”，一切皆无。你看，这个比喻多么形象，既富有哲理又辩证。老百姓中干脆也有更朴素的说法：“身体健康就是福”。

德国大哲学家阿瑟·叔本华（1788—1860年）曾在他的专著《幸福论》中阐述过他的幸福观：“我的幸福十分之九是建立在健康基础上的，健康就是一切。”关于身体健康，我国早在20世纪60年代就流行过一句名言：身体是革命的本钱。身体如同计算机的硬件，是知识的载体，是创业的支柱，是孕育成功的摇篮。从致富的角度说，只有拥有了健康的身体，才具备了创业与致富的基础。一个靠长期透支自己身体去“劳作”而想致富的人是不智慧的，或者说是“笨蛋”。人的生活本来就应该有劳有逸，这才符合生理的规律。牺牲必要的休息时间，过分地劳作，一定得不偿失。

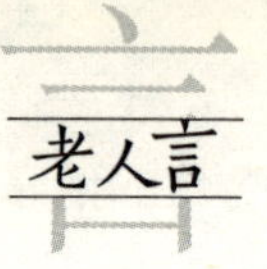

身强心也要强

我们说一个人的身体健康，包括两个方面，一是心理健康，二是生理健康。人的心理健康比生理健康还要重要。一个心理上有障碍的人，比如心胸狭窄不宽容，固执己见，遇事急躁，疑神疑鬼，畏首畏尾；再如嫉妒心强，报复心强，因别人在某些方面超过自己而引起怨恨；学习、工作、生活中遇到挫折往往灰心丧气，严重时甚至一蹶不振；这种人即使四肢健全，事业上也是很难成功的。

生命在于运动，科学的运动有利于保持生命的活力。新的科学的健康观，其实就是树立健康管理的观念。健康的身体来自健康管理，健康的生活方式来自健康的科学知识。研究与事实表明，重视预防可以减少疾病，加强健康的体育运动、文娱活动，只会使脑更灵，耳更聪，目更明，体魄更强健。

这里也需要提出，身体残疾者，除少数由先天或遗传因素所致外，大多数是由后天因素——如车祸、水灾、地震、战争、煤气意外中毒、生病等造成的。残疾人中的优秀人才，同样比比皆是，他们身残志不残，身残脑不残，在逆境中付出了超出常人数倍的努力。

当今世界公认的著名理论物理学家，英国科学家斯蒂芬·霍金，从电视画面上看，他的身体因病已经不能自主运动，连头也无法直立，只能靠坐在轮椅上借助一台特制的电脑发声讲话，但他的大脑却才思敏捷，思维活跃，他的时空观却给世界理论物理学领域带来耳目一新的新观念。他的著作《时间简史》（1988 年），在世界畅销书排行榜上停留了几年时间，但其艰涩难懂世人皆知。普及性中译本《时间简史》，曾一度风靡畅销国内各大书店。作为残疾人科学家，可想而知霍金先生的成功，他一定付出了超出常人更多的辛勤劳动。霍金与物理科普作家伦纳德·姆洛迪诺夫合写了《时间简史精编》，虽然书中删节了不少关于数学的内容，但仍然相当深奥。如果你有兴趣，想要了解霍金学说的基本内容，不妨去阅读他的《果壳中的宇宙》（2001 年）。

4

病从口入

关于健康的体魄，这里想重点提及关于吃喝影响身体的问题。今天，老百姓早已远离了食不果腹的饥饿年代，中国人民已由小康生活向更富裕的生活迈进。目前的问题是，包括好客及节假日期间，由于饮食过于丰富过量，以致病从口入，影响到许多人的身体健康。不是么，当今吃出来的病比比皆是，如肥胖症，脂肪肝，糖尿病，三高症——高血压、高血脂、高血糖，动脉硬化，尿酸高、啤酒肚等病症几乎都是与饮食过量、过好、暴饮暴食有关。相当多的人，每日里花天酒地，猛吃（大鱼、大肉），猛喝（饮酒），猛吸（烟）。甚至戏曰："不吃白不吃，不喝白不喝"，"感情深，一口闷"，"你不喝醉，他不喝醉，马路旁边谁来睡"，"饭后一根烟，快活似神仙"，殊不知吃进嘴里、装进肚里就很难吐出来了。生活好了，"吃货"多了，有人戏称腰吃得像水牛腰一样粗。

我们说做人要宽容大度，但这不绝是"宽容自己的大肚"，饮食过量，肥胖后再减肥也是一件挺麻烦的事。总之，不科学的饮食，会对身体造成大的伤害。亦有一些人养身过度，不合时宜、不科学地吃补方、补药、补膏，致使适得其反。凡此种种，由于它超过了身体正常的需求限度，以致成为五脏六腑的负担，造成了另一种方式透支自己的身体。物极必反，显然大吃二喝的做法是不智慧的。我们说，生活中一定要科学饮食，因为许多病确实是吃出来的，所以说这绝不是小事。

5

透支身体无异于自杀

成功创业是辛苦的，守业、理财是艰难的，成功者当然要付出艰辛的劳动，包括晚睡熬夜，有时也难免短时间里透支自己的身体健康。但一个人，绝不能过分劳累、长期透支自己的身体，即使青年人也不要倚仗自己年轻，经常加班加点，否则也会留下遗憾。从长远来看身体健康才是事业成功基础的基础。

那些英年早逝的成功企业家让人惋惜，如著名民营企业家、“均瑶”集团董事长，年仅38岁的王均瑶因患肠癌于2004年11月7日不幸逝世，王均瑶的英年早逝，曾引起了社会各界的关注；“中发”董事长南民37岁逝世；2005年9月18日，互联网业界传来噩耗，网易宣布其代理首席执行官孙德棣辞世，年仅38岁；2005年1月17日，麦当劳公司前CEO查理·贝尔在悉尼去世，年仅44岁；2004年3月，大中电器公司总经理胡凯去世，享年52岁；2004年4月8日，54岁的爱立信（中国）有限公司总裁杨迈由于心脏骤停，在跑步机上突然辞世；2006年1月10日，中欧国际工商学院创始人之一、院长张国华在上海去世，享年57岁。作为一个把一生奉献在管理学教育史上的“鞠躬尽瘁者”，张国华的英年早逝给中欧带来了不可估量的损失。包括上面提到的于娟老师，这些都给人们敲响了警钟，道理并不复杂：只有身体健康，方能干一番事业，回报社会，享受生活。

让我们牢记卫生部首席健康教育专家、著名的洪昭光教授给出的关于健康的理念：健康就是财富！健康是节约，健康是和谐，健康是欢乐，健康是金子，健康是发展……

一句话，身体健康是事业成功的真正基础！

第九章

生命不息，学习不止

1 有时间就要多读书

徽文化博大精深，安徽歙县西递村有名联：“几百年人家无非积善，第一等好事只是读书”。是的，有时间就要读书。书籍是人类知识，经验的记录与总结。读书、读好书除了能让人获得知识，还能让人明志、富有、就业、创业、守业。先人云：“书山有路勤为径”，“开卷有益”，“书是人类进步的阶梯”……总之，读书使人聪明！

会读书同样是一门学问。首先把要读的书分成类。古今中外，从数量上看，纸质图书与现在的电子图书浩如烟海，究竟要读哪些书？因此应该把要读的书分类。冯友兰老先生在总结他的读书经验时说过四句话，就是：精其选，解其言，知其意，明其理。一般说来，可以把要读的书分为三大类：

第一类为浏览的书，可以随手翻一翻，了解标题，大意即可，对于有用的部分再重点读一下。

第二类是要泛读的书，这类书只要知道其大概即可，必要时择其有用之处，感兴趣之处认真读下去，吸取其精华。

第三类就是需要精读的书。这些书与自己的事业，自己的工作业务甚至与自己的人生紧密相关，必须要静下心来认认真真地研读，要真正解其言，明其意，知其理。人的一生中应精读的书，除了专业图书之外，也应该包括一些被群众公认的、有社会价值的名著。搞人文社科的，要阅读一些科普著作，要掌握一些、了解一些自然科学的基础知识。搞自然科学的读一些文学名著，读一些社会科学书籍包括历史著作是必需的。其实，人们在中学、在大学时代大多都已经读过一些古今中外的文学、史学名著了。

读书一定要读好的书，读有价值的书。别林斯基说过“阅读一本不适合自己阅读的书，比不阅读还要坏。我们必须学会这样的本领，选择最有价值、最适合自己所需要的读物。”而法国科学家笛卡尔说：“读一切好书如同与时代最优秀的人们交流。”因此要学会善于选择适合自己要读的书，以免浪费时光。

和尚要撞好钟，学生要学好习

当你看到这个标题之后，尤其当你上了大学，可能会以为命题是多余的。都是大学生了，谁不会学习？其实不然。早在20世纪70年代，由联合国教科文组织的报告《学会生存》中就明确指出：未来社会的文盲，将不是没有掌握一定知识的人，而是那些不会学习的人。

上大学是人生里最为重要的学习阶段。大学生的学习方法与中学、小学有着完全不同的特点。当你在大学里深造时，除了学习知识之外，同时你所获得的创新精神，实践能力将受益一辈子。

其一要热爱专业，兴趣可以产生动力。

兴趣可以产生动力，只要条件允许，一个人应该干自己感兴趣的事情，这样做往往能取得较好的结果。美国心理学家布卢姆说过：学习的最大动力，是对学习材料的兴趣。青年人，已经度过了“少年不识愁滋味”的光景，他们踌躇满志，学习目的应当是明确的。

其二要听好课，做好课堂笔记。

关于集中精力听课，作为大学生真正做到每一节课，45分钟内都不开小差是不容易的。这里撷取某大学里桌面文化的一二：“排列组合：你好吗？你妈好？妈你好……”；“床前明月光，窗外一双双，心里闷得慌，光想当和尚”；“风声雨声读书声我不做声，国事家事天下事关我屁事”；“天鹅拉的屎叫做天‘使’”；“美国妇女叫美女”；“我的心愿——农妇、山泉、有点田”（原广告：农夫山泉有点甜）……上述至少可以说明，写者不是笨学生，头脑是聪明的；上课时他要么听不懂老师讲的课，要么思想开小差在幽默乱想。为了上课时能注意听，建议你记课堂笔记，以提高听课效率。“好记性不如破笔头”，记录一定比回忆、记忆掌握的内容要多，要来得实在。

其三要学好教材，读懂课本。

实际上课本才是真正的老师，要读懂它。尤其对于新知识，当读不懂时，要慢慢来，一遍不行，二遍、三遍，俗话说“书读百遍，其意自现”；同时可以请教老师、同学、同行，“三人行，必有我师”。

要不耻下问，问问题，几乎是无本万利。原本不会的东西，通过询问、请教，只要说几句话，舌头转几下，就能把它弄懂，知识就变成自己的了。这等好事，何乐而不为？切记不要“死要面子，活受罪。”

其四要独立完成作业，会做章、节后的练习题。

衡量是否学会了，最容易的检查方法，就是看会不会做作业。能准确地做好习题，答案正确无误，那就是学会了。

其五要注意学习的效率。人们在学习时，大脑要思维，因此要注意：如你的身体很疲惫，头脑不清醒，学习效率不高时，这时你应该去休息，去活动，去锻炼身体。作为一个学习者要注重提高效益，力争事半功倍，不要“涸泽而渔”。靠牺牲睡眠时间，靠过度“开夜车”是不可取的。

生理学研究表明，人的大脑皮层神经细胞约有140亿个，集中在厚约2.5毫米的大脑皮层中。当脑细胞工作时，它所需要的血量比肌肉细胞多15～20倍，脑细胞血管的总长度竟达120千米，人在思考问题时，头脑的耗氧量约占全身耗氧量的20%～25%。如果血液和氧气供应不足，就会使脑细胞疲劳，感到困倦。

因此，人在学习、工作时，一定要让脑细胞处于活跃状态、兴奋状态，科学地做好大脑的劳逸结合是重要的，不要经常地打疲劳战。这就是人们常说的保持良好的精神状态，这样才能做到出人、出力、出活。

自学是开启知识宝库大门的钥匙

达尔文曾经说过：“我认为，我所学的任何知识都是从自学中得到的。”我国著名科学家钱三强也指出：“自学是一生中最好的学习方法。”俗话说：师傅领进门，修行在个人。大凡学习成绩好的学生，他（她）的自学能力一定是极强的。老师教学授课是“要你学”的过程，你的自学才真正是“你要学”的过程。“拥有一只猎物，不如拥有弓箭，掌握打猎的方法”，就是这种道理。从这个意义上说，可以认为自学才是开启知识宝库大门的金钥匙。

利用图书馆和网络。

图书馆是人类知识的宝库。图书馆里的藏书主要包括纸质图书、电子文献资料和缩微胶片类文献等。学会利用图书馆，对于大学生至关重要。打个比喻，这好比去知识的金矿里去挖“黄金”。

这里强调指出，尽管互联网应用广泛，尤其查阅信息快捷，以至有人开玩笑，曰：无“网”不胜，但是网络阅读代替不了纸质图书与读图，网络写作也代替不了作文训练。经验表明，阅读纸质图书能给人们带来更多的思考空间，而网络阅读带给人们的往往却是更多的快捷搜索，也许这是二者的最大区别吧。今天，好的做法是把二者结合起来。

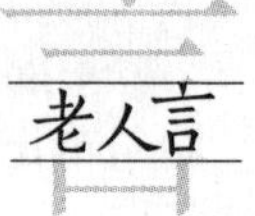

4

知识全靠积累

老百姓都知道：一口吃不成胖子，心急喝不了热稀饭。用在我们要说的学习方面，那就是学习、掌握知识与经验同样不能一蹴而就，丰硕的知识、智慧的获得要靠积累。小时候曾经听老人讲过一个故事，说的是一位大肚子汉，一顿饭能吃30个大烧饼。一天，当他吃到第29个时感到肚子还不饱，直到吃下第30个烧饼后，肚子才饱了。突然间，大肚汉似乎明白了一个道理，我为什么不先吃那第30个大烧饼呢？那样岂不一个烧饼就吃饱了？故事折射出的道理，简单到让人一听就懂，但在现实生活中急于求成、拔苗助长者往往大有人在。

学习知识的道理同样也是如此，学习的过程就是一个知识积累的过程。学习不能违反这一规律。比如学数学，必须从先学识数开始，加减乘除解方程、三角、几何、指数、对数，而后才能轮到学高等数学。一个初等数学基础很差，不懂“极限”的学生，一开始就学微积分，那一定是十分吃力的，甚至“丈二和尚摸不着头脑”。

“久病成良医”，“集腋成裘”的例子比比皆是。这里要说的是青年人学习时要防止急性子，书要一页一页地看，一本一本地读，只争朝夕没错，但对人生而言不能急性子！不积跬步，无以至千步，不积小流，无以成江河。

故事说一个年轻人急性子，连走路、学习、办事都风风火火，甚至上厕所，人还没有进门，手已经将裤腰带松开了。这一年，经过努力急性子的他好不容易考上了一所职业技术学院，成为模具专业的一名大学生，由于中学里学的是文科班，数理化基础差，因此对于文理兼收的模具专业的学习有一些吃力。按常理，自己学习吃力，只有靠自己加倍努力才行，可是急性子的年轻人，自己努力不足，吃苦不足，却是因急而常常发火。想到的总是今后如何找工作，去挣钱。

一天，他来到班主任住家楼下，按响了班主任家的对讲门铃，想与班主任谈心，得到他的指教。门铃响了两声，门还没有开，急性子的他等不及了，就返身离开。刚刚走了几步，他又觉得这样回去不甘心，于是又返回来重新按门铃。这一次他还是没有耐心，门铃只响了两下他又等不及了。但是走了几步，他又返回来了。这次他刚把门铃按响，还没反应过来是怎么回事，就觉得脖子一凉，浑身上下被冷水浇了个落汤鸡。

原来房主人一直在家，几次来开门外面都没有动静，他怀疑有人故意捣乱，就从二楼向下面泼了一盆冷水。后来学生见到了班主任，原来泼冷水是一场误会，交流到最后，班主任就以此门铃与冷水作比喻启发年轻人：学习不能急性子，一口吃不成胖子，日子要一天一天地过，学习只有静下心来，踏踏实实才能进入状态，绝不可能一日成才！

一盆冷水，静下心来。否则，这样去按命运的门铃，又怎能不被命运浇一盆冷水呢？在人生命运的门前，不妨多拿出一点耐心，多付出一些，结果可能就会截然不同。

另外，人之一生，要活到老，学到老，学无止境。以我为例，退休后由于活动量变小，加之年龄变大，生理机能退化，一度出现便秘现象。我清楚地知道便秘不好，肠子要出问题，怎么办？一开始，去医院，靠吃药解决问题，后来意识到这不是长法，有副作用，且不可忽视。好在我是一名科技工作者，已养成自学的习惯，虽然自己不是学医出身，但我可以自学缓解便秘的医学知识。从了解消化系统、肠结构入手，到控制饮食与运动，进而摸索排便的经验，在自己身上实践，如今通过综合治理，我已较好地解决了自己的便秘问题。我将自己的这一体会，写成短文，用 E－mail 投稿，后来真的在《上海老年报》健康－养生栏目刊登了出来，供读者朋友参考，资源共享。如今，我用物理方法防治便秘，又有一些新的体会与经验，拟日后总结，再写出来供老年人参考。你看，这不正是学习和实践，积累知识，学以致用的好例子么。

第十章

事情是干出来的

1

走出第一步，就会有第二步

琼斯大学毕业后如愿考入当地的《明星报》任记者。这天，他的上司交给他一个任务：采访大法官布兰代斯。

第一次接到重要任务，琼斯不是欣喜若狂，而是愁眉苦脸。他想：自己任职的报纸又不是当地的一流大报，自己也只是一名刚刚出道、名不见经传的小记者，大法官布兰代斯怎么会接受他的采访呢？同事史蒂芬获悉他的苦恼后，拍拍他的肩膀，说："我很理解你。让我来打个比方——这就好比躲在阴暗的房子里，然后想象外面的阳光多么的炽烈。其实，最简单有效的办法就是往外跨出第一步，走出第一步，就会有第二步。试一试吧。"

史蒂芬拿起琼斯桌上的电话，查询布兰代斯的办公室电话。很快，他与大法官的秘书接上了号。接下来，史蒂芬直截了当地道出了他的要求："我是《明星报》新闻部记者琼斯，我奉命访问法官，不知他今天能否接见我呢？"旁边的琼斯吓了一跳。

史蒂芬一边接电话，一边不忘抽空向目瞪口呆的琼斯扮个鬼脸。接着，琼斯听到了他的答话："谢谢你。明天1点15分，我准时到。"

"瞧，直接向人说出你的想法，不就管用了吗？"史蒂芬向琼斯扬扬话筒，"明天中午1点15分，你的约会定好了。"一直在旁边看着整个过程的琼斯面色放缓，似有所悟。

多年以后，昔日羞怯的琼斯已成为了《明星报》的台柱记者。回顾此事，他仍觉得刻骨铭心："从那时起，我学会了单刀直入的办法，尽管做起来不容易，但很有用。而且，第一次克服了心中的畏怯，下一次就容易多了。”

有时困难在想象中会被放大一百倍，事实上，走出了第一步，就会发现那些麻烦与困难有时只是自己吓自己。其实，生活之路确实就在自己脚下，只要走起来，脚下就是路，脚下就有路！

走出第一步，就会有第二步，行动起来就会有新的思路。这正是一步又一步，走向成功之路！

经验有时大过学问

我亲身经历了一个难忘、教训深刻的实例。

大学毕业那年，上级要求抽调大学毕业生，去工厂、农村参加路线教育工作队，我被派往邻县的一个生产泥烧砖的大轮窑厂工作。尽管是青年人，二十多岁，才疏学浅，由于是驻厂路线教育九人工作队成员之一，那个厂的厂长、科长、车间主任等厂里的领导对我都很客气，自以为说话较有威信，实则是他们给面子，那时本人实际上是“嘴上无毛，办事不牢”。

夏季里有一天，路线教育工作队的杨队长交办我一件事。他说：你是学物理的，东食堂旁边那口井，水泵抽不出水，去看看怎么回事，帮他们修好。于是我来到井旁，观察一番。那是一台小功率电动离心水泵，抽水供食堂做饭用，水泵放在一个离地高约1米半、用土砖垒成的圆形台子之上。我根据书本知识判断，离心式水泵在大气压作用下可把水最高压至9.8米左右，可能是因为天气热，地下水抽取过度，井里水位下降，致使离心水泵抽不出水来；因此只要将搁置水泵的圆台拆掉，降低水泵放置的高度即可解决问题。于是，我一声令下，几个工人七手八脚很快把砖台子扒掉了，离心水泵放置高度下降了1米半。哪知一通电，水泵仍然不出水。场面正有点尴尬之时，一位老电工走来，一句话指点迷津，他说那是泵轴处漏气，只要加点填料即可。噢，我恍然大悟，轴处漏气，抽水管真空度降低，当然抽不出水来。故障原因知道了，处理方法自然迎刃而解，拆开法兰盘，两段浸油的棉线轴头上一缠，复原，通电，水哗哗

地流出来了。那一刻我的脸一阵红，一阵白，站在工人们面前，如此地丢人难堪，那滋味，真恨无地缝可钻。这件事让我终生难忘，事后思考了很长一段时间，得出许多经验教训。当时为什么不做调查研究？为什么不找一段绳子测一下水面到地面的深度？为什么不多思考几种可能引起的原因？即使要将水泵下移，也可以不必扒砖台子，用绳子吊下水泵也能达到目的。实践出真知，经验大似学问，老工人的方法才是真正的适当方法，而我的方法是想当然的馊主意，是蛮干的方法，结果自然要失败。好在失败是成功之母。美国著名的励志成功学大师拿破仑·希尔（1883—1979 年）曾说过：“每一个困境的背后，都有等量或更大获益的机会存在。”

后来我真的又遇到了一次关于离心泵漏气的故障实例。计划经济时的 80 年代初，一次我拿粮油本凭计划去粮站买食油，恰好遇到站里的离心泵从筒库中抽不出油，居民在排队，站长急得团团转，由于我有这方面的实践经验，自告奋勇，帮助排除故障；轻车熟路老一套，拆下法兰盘，轴头缠上几圈沾油的棉线，于是大功告成。那真是“手到病除”。站长感激不尽，热情过度，面向排队的居民高喊：“这位‘专家’不用排队了，优先购油。”我享受到了一次作为“贵宾”顾客的待遇。现在回忆起来还觉得可笑，很有意思。这说明知识能改变现状。更高的境界是知识可以改变你的命运！

只说不做，留下的一定是遗憾

我的朋友，寓言学家薛贤荣先生原来曾和我家为对门邻居，他写有一篇寓言，题目叫做《小猴躲雨》。

大意是一群猴子在山上玩，突然天下大雨，正无处躲雨时，发现不远处有一座旧木屋，于是大家讨论是否要跑过去躲雨。猴子们七嘴八舌，有的说门推不开怎么办？屋里有人不让进怎么办？还有的说跑到那儿身上早已淋透了，一只大猴还指使身边的小猴去看看，等等。突然一阵大风刮过，旧木屋的门自动被吹开，原来木屋空空如也，正是避雨的好地方。

这真是，与其说空话，为什么不去实践一下呢？实践是金！

说空话，不实践，留下的一定是遗憾。

美国励志成功大师，拿破仑·希尔在他创建的成功哲学和十七项成功原则中也有少说废话的论述。他说：人的时间、精力和金钱都是有限的，你必须慎选花用的方式。如果你决定以贬抑人而提高自己的方式来浪费一些有限的资源，你会发现，你把大部分的时间和精力都花在说人是非上，自己可用的，反而所剩无几。如果你爱散布恶意伤人的内幕，别人再也不会信任你，有句话说得好：“向我们论人是非的，也会向人论我们的是非！”结论是“只顾把时间花在说人长短、毁谤他人的人，是没有时间成功的”。

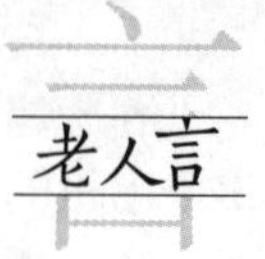

4

行动起来就有新思路

这里要说的是，做事情，一旦选准了目标，定下了任务，就要行动起来，做到比知道重要，在行动的过程中又会有新的发现，有新的思路，好的思路。

作者通过自己出版4本著作的经历，用亲身实践经验，阐述这些体会，以为颇有启发。

1976年我大学毕业，被分配到某高校物理系任教，从事电工技术类课程的教学工作。头几年打业务基础，跟老教师听课当助教，阅读自学多本相关的专业著作，泡实验室做实验，后来开始上讲台。待教学业务立住脚后，进入20世纪80年代不久，自己就开始写电工学方面的小论文、短文、事故分析、经验介绍等，不断在一些专业杂志上发表，小打小闹。受叔叔的启发，在他出版了一本名叫《不等式》的数学书之后，觉得我也可以利用自己的专长，尝试着写一本书。80年代后几年，家用电器开始在我国普及，广泛进入家庭，经过思考，我觉得“家庭安全用电技术”方面的内容可以写，一来这一块内容自己比较熟悉，二来同类书市面上不多，写这一方面内容的书若出版，市场会有销路。定下了目标与任务后，说干就干。原来定下的题目是《家庭安全用电技术》，写作前我看了一些专业书籍，查文献、做实验，作准备。爬格子自然抠脑子有点辛苦，但书稿的写作还比较顺利，只是在写稿的过程中发现这个题目能写出的内容有些单薄。其间，在行动中我发现了一个原来没有想到的问题，那就是家用电器，无论照明器具、厨房器具、制冷器具、清洁器具、音像设备等，包括交流电源，使用中除了安全用电之外，还有一个节约用电的问题。这是一个原来没有想到的新发现，于是我立即把这一部分内容补充到书稿中，书名也改为《家庭安全用电与节电技术》。这个新的思路非常好，一下子使书稿的内容充实、丰满了起来。1990 年完稿，书怎么才能出版呢？请教一名先辈吴教授，他告诉我通过信函方式可以联系出版社，第一家回信要用稿的是某省级科技出版社，于是我同意出版、签合同。只是后来出版社从市场销售角度考虑将书名改为了《家庭用电小百科》，两次印刷，两万五千册。这就是我出版第一本书的经过。

20 世纪 90 年代中期 PC 计算机在我国逐步开始普及，至 90 年代末，我在学习使用台式电脑时经常要遇到关于计算机的英文缩略语，而且计算机技术发展很快，新的计算机英文缩略语出现极快，于是我又萌发出要编一本最新计算机英文缩略语手册，一方面自己使用方便，同时相信可以出版。于是说干就干，查最新科技文献、上网寻找、收集各种资料上的新的计算机英文缩略语。在此期间，行动中我又发现计算机英文缩略语方面的出版物很多，而关于计算机网络（Internet，互联网）方面的英文缩略语的新书（手册）却没有，经过思考，我决定压缩关于计算机的英文缩略语，只选最新的，而大量增加最新的计算机网络方面的英文缩略语。这是在行动过程中的新发现，当初没有想到，而新的思考与做法，让书稿新意大增，有了与众不同的特色。完稿后，很快一家省人民出版社愿意出版此书。这就是我 2001 年出版的第二本书《新编英汉网络、计算机缩略语词典》，基本上是我国面世较早、为数不多的网络方面的一本专业缩略语词典。

第二本书出版之后，隔了一段时间，我又在想，老百姓中广泛流传有一种说法——事不过三，于是我在想，又给自己定下一个目标，还要再出一本书。后来利用晚上的时间，我真的写出了第三本书，那就是由一家大学出版社 2005 年出版的《物理学研究型课外科技活动》一书。好了，到

此，15 年里，我完成了原先定下的出三本书的任务。

关于出版第四本书及写后来的书，那是有一点灵感及偶然性，也是思路决定出路，行动起来又会有新思路的结果，说出来有意思，也有启发性。

2004 年的寒假，春节前我到上海岳母家探亲。闲来无事，我常去岳母家旁边的一家新华书店打发时光，看开架、免费阅读的各种新版图书。我发现励志、创业、理财类的图书畅销。由于大学毕业生取消包分配，改革为供需见面、双向选择的就业办法，有许多青年人喜欢购买这类图书阅读。受到启发，突来灵感，觉得自己完全可以高质量地写出有新意的这类书稿：首先我有人生经验可写；其次，我有写作时间；最后，高校工作教书育人有体会。两年笔耕，一本说教式的《励志成才、就业、创业与致富之道》书稿完工。从内容上看有理论，有实践，货真价实。后信函投稿，有社要求看稿。至此我才明白，原来我进入了成功学的研究领域。在写作的同时，我阅读了许多成功学方面的著作，其间有新发现、新思考。如欧、美人喜欢通过说故事讲道理（包括寓言、童话等），我们的先辈也是通过成语故事说道理，而现今却多于说教。这一新发现让人眼睛一亮，何不变说教为故事？

不久北京有一家出版社来信息，说书稿内容不错，但要求将教材式、说教式的《励志成才、就业、创业与致富之道》改为说故事。其实我已经有了上面的思想基础，一番辛劳，连书名也改了，内容焕然一新，连我自己也感到不差。这就是后来我的第四本书，2008 年出版的《你不理财，财不理你——读故事　学创业》。

回忆自己撰写书稿的过程，也会时常遇到写不下去的时候，如同才思枯竭，牙膏袋里没有牙膏，任你怎么挤都挤不出来。每当这个时候我就停笔，去思考、去想、放松去玩、去休息散步；另外就去图书馆的书库查书、看书，上网、找资料“充电”，由于这件事没有完，总在想它，过了一些时间后，往往我都能想出一个好的思路。鲁迅先生在《答北斗杂志社问》一文中，提出了八条写文章的规则，其中第二条是：“写不出的时候不硬写”。这的确是很有道理的。另外，写书时会专心致志，陶醉其中，心无二用，有时候思路来了，写起来连饭都忘记吃。一事能狂便少年！说出来也许你不信，几年来就连除夕那一天，闲着无事，白天我也会笔耕不辍。

正是，行动起来就有新发现、新思路，实践终能使人成功！

不作为是最危险的

先说一个哲理故事。

在远古的时候，有两个朋友，相伴一起去遥远的地方寻找人生的幸福和快乐。二人一路上风餐露宿，在即将到达目标的时候，遇到了一条风急浪高的大河，而河的彼岸就是幸福和快乐的天堂。关于如何渡过这条河，两个人产生了不同的意见，一个建议采伐附近的树木造成一条木船渡过河去，另一个则认为无论哪种办法都不可能渡得了这条河，与其自寻烦恼和死亡，不如等这条河流干了，再轻轻松松地走过去。

于是，建议造船的人每天砍伐树木，辛苦而积极的制造船只，并顺带着学会游泳；而另一个则每天躺下休息睡觉，然后到河边观察河水流干了没有。直到有一天，已经造好船的朋友准备扬帆出河的时候，另一个朋友还在讥笑他的愚蠢。

不过，造船的朋友并不生气，临走前只对他的朋友说了一句话："努力就能得到，可不努力肯定不会有收获。"能想出躺到河水流干了再过河，这确实不是每个人都能想出来的主意，但可惜的是，这却是个违背客观规律、注定会失败的"伟大"的馊主意。

这条大河终究没有干枯掉，而那位造船的朋友经过一番风浪也最终到达了胜利的彼岸，成为成功的勇士，而那一位等待河水流干了的人，就是一个不作为的人。

第十一章

记忆力是人脑最重要的能力

1

人的记忆潜力是巨大的

记忆力是人脑最重要的能力之一，是一切脑智力活动的基础。没有记忆力，任何知识、信息都不能在人脑中保留，更谈不上学习、思维、分析、综合、创新与决策。俄国科学家苏沃诺夫说：“记忆是智慧的仓库。”

研究表明，记忆的一般过程可以归纳为三个阶段：识记—保持—再现。

按照俄国生理学家巴甫洛夫的条件反射学说理论，他认为记忆是大脑皮层细胞受到刺激后引起兴奋或抑制，从而发生一定状态的变化，这种变化在皮层中留下了痕迹。因此可以说，所谓记忆，就是人们所经历过的事物在人脑中的反映。

记忆用现代信息处理的观点看，就是对输入的信息进行编码、储存和提取的过程。编码过程相当于识记阶段，即将眼、耳、鼻、口、舌、手、足、身等多个感官输入的信息变成头脑可以接受的形式，并对信息进行初步加工、组织。

心理学家认为，只有经过编码的信息才能记得住。储存相当于保持阶段，指信息在头脑中保留及再组织加工的过程。回忆与再认识都与提取有关，而信息的提取又与编码的程序，内存信息的组织结构关系很大。关于回忆，即信息的提取，若信息组织得好，编码完善，则提取再现也就比较容易。

人类的记忆能力是惊人的。一名健康人的记忆潜力更是巨大的。科学家估计，健康人的大脑能容纳五亿多本书的信息，尤其人脑具有创新思维的能力，他的动态存储与判断能力是世界上任何一台性能优良的计算机，都无法与之比拟的。研究表明，目前智力最高的学者，也只不过使用了大脑可用容量的很小的一部分。人的记忆力到三十岁以后才稍有减退，但每年减退不到1%。到了古稀之年，人的记忆力还约相当于二十岁左右时的75%。生活经验的日益丰富，理解力的增强，还可以弥补因年龄增长而造成记忆力减退的损失。事实表明，一般情况下，人们的记忆力相差不大。美国科学家曾在爱因斯坦逝世后，对他的大脑作了解剖学研究，发现它的重量和外形并没有超出常人。直至今天，虽然人类已经登上月球，但对人脑的研究还远远没有达到充分了解的程度。破译人类生命最复杂、最神秘的智能控制系统中脑结构与工作原理将永无止境。

专心才能记住

衡量一个人记忆能力的强弱，理论上用记忆的广度，速度、精度和巩固性来衡量。通俗地说，就是要看他能识记内容的多少，识记速度的快慢，记忆的准确性及所记忆的信息保持时间的长短。当然提高记忆力，也应该从这几方面着手。实际上，一分为二地看，虽然记忆和遗忘是一对矛盾，但是每个人都希望自己有一个好的记忆力。

一个人怎样才能增强记忆力？

一个人每天靠感觉获得的信息量巨大，不必面面俱到，全部都记忆下来。无关紧要的信息，一扫而过，你不必去记住它。你必须用心才能去记忆住你感兴趣的及必须要记住的重要事件；只有专心致志，一心一意才能记得牢，三心二意是不容易记牢的。

实践表明，一个人对于他（她）感兴趣的事，对于刺激较深或者重要的事件，对于责任感强烈的事情等都记得很牢，那就是用了心去记忆的结果。不可否认，记忆能力因各人生理上的原因，一定会因人而有差异，先天有超人的非凡记忆力者为极少数。人们通过反复学习、回忆、加深印象、背诵，利用科学的记忆方法等，都可以增强记忆力。一个人只要注意后天的培养和锻炼，他（她）的记忆力一定都能得到明显的提高。人们学习知识的过程就是一个增强记忆力的过程。为什么专业人员的职业记忆力那么强？早期的“114”电话手工查号员为什么能准确记住数以万计的电话号码？那都是他（她）们理解了，找出了规律，用心在记忆，花气力劳动的结果（如今都用电脑查号了）。

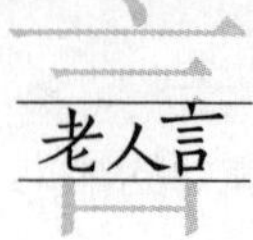

古人结绳记事，作为人脑记忆力的补充，为防止遗忘，今天你也可以利用笔记下要办的事、办过的事，要记住的事，前说“好记性不如破笔头”，尤其中、老年人、管理者，包括学习者要办的具体事可能很多，为怕遗忘而误事，可以将内容记在纸上，记在日历本上作以提示。今天，新派的做法是利用高科技把它们记在电脑上、手机上。人脑有时难免遗忘，作为补充利用其他介质帮助记忆是一种可行的办法。但凡事都有利有弊，也要防止有了介质记录作依靠，而放松用脑强记的锻炼，这样也能让记忆力退化。如同缝衣钢针不用就生锈一样，脑子不用就懒，惰性能使一个人的记忆力退步，而脑子却是越用越灵。我认识的一位数学教授，80 岁时一次我目睹他打电话，拿起话机后他先想那个要拨的电话号码，足足想了半分钟，他是用心在回忆，在锻炼自己的记忆力。老教授的举动深深地打动了我，让我身临其境受到了一次增强记忆力的现场教育。作为高校的一名中层管理者，工作时我每天要外拨许多电话，我养成了不记电话号码的习惯，甚至连兄弟部门的电话号码也记不全，每次靠查电话号码簿寻找，现在想来我浪费了许多时光，降低了工作效率。否则，可以把有限的时间花在做更多有意义的工作上面。

增强记忆能力的“妙”法

其一是理解。

理解是记忆的基础。从需要记忆的内容上看，记忆可以分为机械记忆和意义记忆。机械记忆的内容指必须通过死记硬背，甚至需要反复多遍才能记住的内容。如山峰的高度、河流的长度、地名、人名、电话号码等。而意义记忆指的是在对要记忆的材料理解的基础上，找出其内在联系、领会、理解后的记忆，又称为理解记忆。生活中需要理解记忆的内容是大量的。理解记忆法的核心是积极思维，因为只有动脑子才能去理解它，理解了就容易记住它。以电路知识为例，其核心基础是克希霍夫电路第一定律和第二定律（KCL、KVL），其他许多定理、方法都源自于此。如节点法、回路法、弥尔曼定理、复数法、算子法等，由第一步推下一步，理解后一下子能记住许多知识。

其二是感官结合。

视听结合的记忆效果最好。视听结合记忆力的方法属于感官协同记忆法。感官协同记忆有三种类型：视觉（眼观）记忆、听觉（耳听）记忆和视听结合记忆。实践表明，一个人在记忆时，他（她）所调动的感观越多，记忆的效果就越好。心理学实验证明，看过的东西比听过的东西所记住的内容约多1.6倍，可谓“百闻不如一见”。有文献报道，保留在记忆中的东西，由视觉感知的约占83%，由听觉感知的约占11%，而由嗅觉、味觉、触觉合起来感知的不过6%。还有，靠听别人口授的东西，3小时之后能记住60%，3天后只记住15%；自己阅读和默诵的东西，3小时之后记能记住70%，3天后还能记住40%；而对于边看边听的东西，3个小时后能记住96%，3天之后仍能记住75%。由上可见，多种器官综合用于记忆优于单一感官的记忆，尤其视听结合的记忆是效果较好的记忆方法之一。

其三是联想。

通过联想能达到增强记忆力，增加回忆、提取信息的效果。所谓联想就是人们由当前感知的事物回忆起有关的另一事物，由想起某一事物而又想起另一事物。关于联想记忆法，教育家威廉·詹姆士说："一个事实，在心中越是与其他大量事实发生联想，就越能很好地记住，留在心中。"

联想记忆中的联想方式概括起来有四种：接近联想、对比联想、类比联想和因果联想。比如银行存款的密码有人就用便于记忆的门牌号码、出生日期等。再如鉴别酸与碱用指示剂，酸溶液能够使紫色的石蕊变成红色，碱能够使紫色的石蕊变成蓝色；若干年后，时间一长，非专业人士就记不清哪个使之变红变蓝了；联想到水果李子，味酸皮红，"酸红"即酸能使石蕊变红；可见联想记忆的效果多么好。还有，如果让你直接默写出中国的省、自治区、直辖市的名称，倘若按照各省、区、市在中国地图上的位置，联想到中国地图类似于一只雄鸡，从鸡头、鸡身、鸡尾到鸡脚，则很快就能背出省、区、市名来，且大多数人一定都会这样做；由地图联想省名一定比无次序的硬想要顺当地多。

除了上面所给的方法之外，增强记忆的方法还有许许多多，因人而异，行之有效的具体做法，这里概括列出如下（不赘述），供读者参考。主要做法有：背诵记忆法（循环记忆法）、分类记忆法、重点记忆法、回忆（复习）记忆法、分解记忆（先分后合）记忆法、书写记忆法、循环记忆法、形象记忆法等。我们说不管你用什么办法增强记忆，都必须科学用脑。这包括劳逸结合，不疲劳用脑，按"生物钟"规律用脑，养成勤于思考，独立思考，通过思维，提高自己的记忆力。

第十二章

做一个德才兼备的人

1

有德有才即德才兼备

关于德与才，浙江万向集团董事长、靠生产汽车万向节起家、声震五洲四海的大民营企业家鲁冠球有一段精辟的陈述，即他的用人之道：有德有才者，大胆聘用，可三顾茅庐，高薪礼聘；有德无才者，委以小用，可教育培养，促其发展；无德无才者，自食其力；无德有才者，坚决不用，如伪装混入，后患无穷。

去浙江萧山湘湖下河景区，游览孙氏宗祠（此孙氏家族相传是孙武、孙权的后人），在高大白色的西墙上有十个黑色的类似于浮雕的巨型大字："小赢在于智，大赢在于德"，读后让人沉思难忘，回味无穷。

可见德才兼备德为先。有德者事业将走得更远。

关于德才，其实我们的祖先早已有论，《周易》卦辞有"天行健，君子以自强不息；地势坤，君子以厚德载物。"只有"厚德"，方能"载物"，语言如此之精练，而内涵却何其深刻啊！

优良的品德是人才成功的基石！所谓"德"，指一个人所具有的道德，品行。道德是社会意识形态之一，是人们共同生活及其行为的准则和规范。道德通过社会或一定阶级的舆论对社会生活起到约束作用。道德的优与劣用善与恶、正义和非正义、公正和偏私、诚恳和虚伪等来评价。道德具有历史性，在有阶级的社会里具有阶级性。

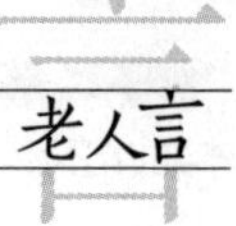

道德的修养

德包括追求和坚持真理，热爱祖国和人民，团结进取和献身精神，坚强的毅力，谦虚、宽容和甘为人梯等。

意大利著名哲学家、科学家布鲁诺因坚持宣传哥白尼的“日心说”被教会活活烧死。布鲁诺捍卫真理，面对熊熊烈火，不向邪恶低头，他说：“为真理而斗争是人生最大的乐趣”，“我不能够，我不愿放弃，我没有可以放弃的事物”，“火并不能把我征服，未来的世界会了解我，知道我的价值的”，“如果只有火才能唤醒沉睡的欧洲，那么我宁愿自己被烧死，让我从火刑堆上发出的光照亮这漫长的黑夜，打开那些紧闭的眼睛，将人类引进光明的真理的殿堂。”这是科学家坚持真理的铮铮誓言。布鲁诺虽死，浩气永存。

热爱祖国，造福人民。我们常常把祖国比作母亲，每一个人都是吮吸母亲乳汁长大的，滴水之恩，当涌泉相报。国家兴亡、匹夫有责。范仲淹：“先天下之忧而忧，后天下之乐而乐”；文天祥：“人生自古谁无死，留取丹心照汗青”；谭嗣同：“我自横刀向天笑，去留肝胆两昆仑”；欧阳海奋力拦惊马；雷锋全心全意为人民服务；两弹一星工程元勋钱学森历尽千辛万苦从国外回到祖国；开拓中国航天事业“神舟”工程、“嫦娥”工程的许多英雄们……这些都是热爱祖国的真实写照。任何人，只有热爱祖国，热爱人民，才能产生巨大的精神力量，才能为之献身和奋斗，才有可能成为人才的楷模。

“春蚕到死丝方尽”是对优秀人才的恰当描述。许多人才的无私奉献精神，将激励后人，加倍奉献。美国动物学家卡尔·施密特利用业余时间在实验室里观察一条毒蛇，不慎手指被毒蛇咬了一口，四周无人，电话又坏了，虽然赶紧从伤口往外挤血，但无济于事。他预感生命可能终止，没有立即奔赴医院，而是坐在办公桌前记录自己临死前的感觉。他写到："体温很快上升到39℃"；"胃剧痛，耳鸣"；"4 小时后，伤口、鼻、嘴开始流血"；"疼痛消失了，看不见体温表了。"这位 67 岁被毒蛇咬伤 5 小时后离开人世的科学家，在生命弥留之际，仍然为后人留下知识财富，做出最后的奉献，这带血的记录，展现了科学勇士无私无畏的品格。

长江后浪推前浪，扶持新秀，提携后人，甘为人梯是人才楷模的优良品德。后人事业上的成功，一定是在继承前人业绩的基础上获得的。巴甫洛夫说得好："无论鸟的翅膀是多么完美，如果不凭借着空气，它是永远不会飞向高空的。"

这里有一个匈牙利著名的钢琴家李斯特扶持新秀的史例。

德国一位年轻的女钢琴演奏者，为了招来听众，在广告牌上写着："李斯特的女学生"。李斯特的突然到来，使她惊慌失措。当李斯特了解了缘由之后对她说："不要难过，请把将要演出的曲子弹一个让我听听。"一曲奏毕，得到了李斯特的夸奖并指出不足。李斯特说："从现在起，你完全可以称为'李斯特的女学生'了，因为我已经教过你弹琴了。我还想在你的演奏会上演奏一曲；如果你的节目单还没印出来，请加一行：李斯特将亲临演奏。"李斯特的高尚品格，使女青年感动万分。扶持新秀，提携后人，甘为人梯，一定是优秀人才的品格。

有知识专长

作为人才，就他所拥有的知识来看，在不同的时代，不同的行业中，他一定是同类中的佼佼者。渊博的学识或者有一技专长者，他（她）的知识或技能也肯定是来自于自己的刻苦钻研，勤奋好学。一个知识贫乏的人，不可能成为人才。

4

诚信明礼

尽管财富包括物质财富和精神财富等，但如果要问，什么是身边最有用的财富？其实答案很简单，那就是“诚信”。它是做人，一生跟随你的最大、最宝贵、最智慧且取之不尽，用之不竭的财富！

诚信是做人的基础。说话要实事求是，做事情要踏踏实实。一个假话连篇的人办任何事情，一定都不会成功。骗得了一时，骗不了一世，一旦真相大白之日，就是骗者的失败之时。“明礼”泛指做事情要符合时代的礼节，礼貌待人接物。“明理”表示一个人说话或做事情要讲道理、言之有理，理当如此。

一个不讲诚信的人，即便一时、一地得利，最终还要失败的。人类社会总是不断进步，社会的法律、管理办法与自我约束总是越来越完善；投机取巧，不劳而获，违背客观规律做事，岂能长久？

今天，我们伟大的祖国，日新月异，突飞猛进，正进入一个国泰民安、国富民强的盛世。在前进的大潮中不可否认也存在有局部的污流，一些不诚信的现象仍然存在。如：假商品、假名牌、假烟、假酒、假药、地沟油、三聚氰胺奶粉、“红心鸭蛋”、问题多宝鱼、“一滴香”、染色馒头；假成绩、假文凭；做假账，假数据……让我们从自己做起，当老实人，做老实事，诚信为本。无数的事实表明，不诚信者最终总要吃亏。

每个希望成功的人，一定要把握住自己的诚信财富，绝不要进入社会的不诚信黑名单！

做一个负责任的人

有一档电视谈话节目，内容是姑娘谈对象，进而谈婚论嫁，女性以什么样的标准择偶，选择自己的丈夫——一位可以白头偕老的伴侣。不同年龄的女性，答案尽管多样，包括功成名就、有钱、有房、有车、有能力、负责任、身体健康等。但总结起来，发言中大多数的女性的择偶标准都愿意选择一位“负责任”（负责任!）的男士作丈夫。显然，一个对国家负责任的人，对人民负责、对事业负责、对家庭负责、对自己负责任的人，一定是一位干工作、干事业容易成功的人士。

比如，说话要负责任，“一言既出，驷马难追”，说出去的话如同泼出去的水一样是收不回来的，要算数。古人云“言必信，行必果”。做事情要负责任，这包括从小事情做起。如小到开会，通知你几点钟开会，你答应几点钟到就应该守时，迟到了要说明原因。答应承诺要办的事，就一定要办，要兑现，不能言而无信当儿戏；事情未办成，也要有回音，说明原因。一个人干工作，干事业不应该说假话，更不能“乱开空头支票不兑现”，要实事求是。当老实人，做老实事，做实事，做稳当事。尽管一个人的能力有大有小，但只要事事负责，认认真真，三思而行，尽责尽力，这个人做事一定能够成功。

做人的根本就是要热爱自己的祖国，热爱人民，一生要为社会尽力做出自己的贡献，这是负责任的重要表现，是最大的负责任。

一个不负责任的人，他必将与成功无缘!

6

吃苦耐劳，勤俭自强

古今中外，大凡成功者，无不都有勤劳和刻苦的奋斗经历。“头悬梁，锥刺股”、“映雪”、“囊萤”说的是古人发愤苦读。数学家华罗庚教授有诗“勤能补拙是良训，一份辛苦一份才”，说的是天才来自勤奋。大发明家爱迪生的名言是“天才是百分之一的灵感，百分之九十九的汗水。”

“不经历风雨，怎能见彩虹。”做事情，干事业无不要艰苦奋斗，吃苦耐劳，勤俭自强。懒汉与懦夫永远尝不到成功的喜悦。

今天在我国经济发展的大潮中，综观成功的经商者，百万富翁，从南方到北方，几乎都有“先睡地板，后做老板”的经历。“故天将降大任于斯人也，必先苦其心志，劳其筋骨，饿其体肤……”

“世界景泰蓝大王”陈玉书总结自己的成功时说：我是从当地做工起家的，吃过苦，受过罪，失过业，遭过窘。回顾十几年来走过的道路，虽非步步血汗，亦是崎岖艰难，甚至险象环生，不过终生不弃不馁，不断求索而已。

今天，我能够被称为“景泰蓝大王”，绝非我有何超人之处，只是天时、地利、人和三者的结合，不怕艰难困苦，锲而不舍，机遇加勤奋罢了。

当年抵达香港时，我的口袋里只有50元港币，所以对于每1毛钱我都极为重视，现实生活告诉我，你若没有那5毛钱，又怎能买到一磅的面包充饥？我自认为还有点天不怕、地不怕的气概。可也得承认，一分钱往往憋死英雄汉，不管你本事有多么大，怕就怕口袋里没钱花，我明白“小富由俭”、“勤乃无价宝”的道理。

记得每天一大早，我从北角乘轮渡过海到关塘去上班。为了节省一毛钱，我总是坐楼下三等舱。我节省每一个铜板，是为明天的幸福生活开路。所以，我连看报纸也舍不得花钱去买，而是身在船中，眼观六路，看看谁手中有报，等船靠码头，自己滞后一步，就是利用这一刹那时光，腿快手勤，把乘客遗留下来的报纸收集起来。如若椅子上遗留有一两本杂志，对于我真是如获至宝。我也常常为节省两毛钱车费，不惜徒步从中环走到西环。

我对“历览前贤国与家，成由勤俭败由奢”这话深信不疑，所以我能几十年来坚持勤俭的作风。每天收工以后回到家里，我虽然浑身疲惫不堪，但仍坚持把从船上捡来的报刊如饥似渴地读完，既学到不少知识，又掌握了许多信息。

我找到一份工作之后，就以敬业乐业的精神认真努力地工作。我虽不是地盘货车的主人，但我很爱惜车辆，一有空就把车子洗刷得干干净净，而且买来油漆，将车子四周脱落不全的字填写清晰。就这样，唤起了工头的好感。他们见我是大学生，为人又和蔼，从此便让我跟他们一起吃小灶。

在平时，我是很少像其他工友那样，三五成群去饮茶的，而总是独个人在工地里喝开水啃面包，简单地解决一顿午饭。如今能吃上有汤有菜的热饭，心里自然喜不自胜。这样的小事让我悟到一条道理：善有善报，凡是勤劳有爱心的人，一定会有好的回报。回想起我在启德机场干填海工程的那段日子，尽管每晚一脸灰尘，一身臭汗伴随着苦和累，回到家，但我还是满怀喜悦，因为我毕竟能够挣到一份工钱，同时独立地闯入了天下。

然而，正当生活刚刚步入正轨之际，苦难又接踵而来。先是我失业了，偏偏在这个时候，太太又怀孕了。在这种恶劣的环境下，我们是无论如何不能再增加包袱了，于是被迫求助于医生流产。医生开价500港元，而我口袋里只有400港元。当时是多么困难啊。就为了张罗这100港元，还找了好几位朋友，几番周折，才凑足钱数。人生何其辛酸而苦涩。

在这个最困难的时期，我早早来到仓库，头一件事就是把仓库打扫干净，把地板擦得光可鉴人，把工具、台椅放得整整齐齐。在那里，我不仅尽职尽力地去干，而且由衷热情、兢兢业业，以防再一次在失业路上徘徊。

那时我白天穿着背心短裤。跟车或者推着小车过马路、横过大街到各店铺去送货。双脚飞快如燕，心里甜丝如蜜，丝毫没有耻辱羞愧。虚名误人，什么大学生、世家子弟、名门之后，都是假的，求自下而上最现实。成功靠的是自己的奋斗。

梁启超有一句名言："患难共苦，是磨炼人格之最高学府。"还是印证了那句民谣：能吃苦，吃半辈子苦；不能吃苦，一辈子吃苦。

做人的优良品德有许多，让我们牢记并身体力行公民基本道德规范：爱国守法，明理诚信，团结友爱，勤俭自强，敬业奉献。

人生一代又一代，时间一年又一年，人类的智慧才得以不断地积累与发展。

第十三章
珍惜时间

1

时间的内涵最丰富

时间既是抽象的又是实在的。《现代汉语词典》（商务印书馆，1999年）给出的“时间”释义是：时间是物质存在的一种客观形式，由过去、现在、将来构成的连绵不断的系统。是物质的运动、变化的持续性、顺序性的表现。

生活中对时间的描述有很多很多。智者说：“一年之计在于春，一日之计在于晨”，“一寸光阴一寸金，寸金难买寸光阴。”鲁迅先生说过：“时间就像海绵里的水，只要你愿意挤，总还是有的”；“无端浪费别人的时间，无异于图财害命。”民族英雄岳飞说：“莫等闲，白了少年头，空悲切。”大文豪莎士比亚说：“放弃时间的人，时间也放弃他。”

对于浪费时间的人，那首著名的《明日歌》说：明日复明日，明日何其多，我生待明日，万事成蹉跎。

的确，“时间”的内涵丰富无比！俄国大文豪高尔基说得好：“世界上最快而又最慢，最长而又最短，最平凡而又最珍贵，最易被忽视而又最令人后悔的就是时间。”无数的事实证明：时间是成功的基础，时间就是金钱，时间亦是生命；或许，这些可以成为现代格言。

法国思想家伏尔泰曾出过一个意味深长的谜：“世界上哪样东西最长又是最短的，最快又是最慢的，最能分割又是最广大的，最不受重视又是最值得惋惜的；没有它，什么事情都做不成；它使一切渺小的东西归于消灭，使一切伟大的东西生命不绝。”这是什么？有一名叫查第格的智者猜中了。他说：最长的莫过于时间，因为它永远无穷无尽；最短的也莫过于时间，因为它使许多人的计划都来不及完成；对于在等待的人，时间最慢；对于在作乐的人，时间最快；它可以无穷无尽地扩展，也可以无限地分割；当时谁都不加重视，过后谁都表示惋惜；没有时间，什么事情都做不成；时间可以将一切不值得后世纪念的人和事从人们的心中抠去，时间能让所有不平凡的人和事永垂青史。

时间到底是什么呢？时间源远流长，似乎说不清，道不明，也许时间对于不同的人有不同的意义。如对于活着的人来说，时间就是生命！对于发展经济来说，时间就是金钱！对于做科研的人来说，时间是度量的尺子；对于闲人来说，度日就是打发时光；对于学生、青年人、学习者、创业者来说，时间是财富，是资本，是命运，是千金难买的无价之宝！但在这里我们说，时光孕育智慧，她是智慧老人，教人们越来越聪明。

确实，尽管时光让人一天天老去，但它会让人一天天变得越来越聪明、智慧。

珍惜时间，我们的先祖早就说过。唐代诗人王贞白在《白鹿洞二首》说："读书不觉已春深，一寸光阴一寸金。"就时间看，昨天和今天没什么大区别，今天和明天也没有不一样，一年四季，春夏秋冬循环往复，但是我们的个子长高了，慢慢又变矮了、变老了，头发由黑变白，这时会想起，该学的没有全学，该会的没有全会，该做的没有做完，但是逝去的青春和时间却再也找不回来了，这样的人生怎能不留下遗憾？

美国著名科学家富兰克林曾经说过："你热爱生命吗？那么你就别浪费时间，因为时间是组成生命的材料。"可见，时间是宝贵的，因为它限制了人们的生命。时间也是最平凡的，又是最珍贵的，因为金钱买不到它，地位留不住它。时间给勤劳的人带来智慧与力量，给懒散的人只能留下一片悔恨！综观世界，综观人生，树叶落了，有发芽的机会；花谢了，有再开的时候；燕子去了，有再回来的时刻；然而，人的生命要是结束了，用完了自己有限的时间，就再也没有复活，挽救的机会了。

“过去”、“现在”、“未来”是时间的步伐。“过去”，已经消失与停止；“现在”，正在流逝；只是“未来”，很快就要接近，时间之刀最终要切断你的生命，时间老人最宽容，给每个人一天的时间都是 24 小时，因此在人生的长河中，请珍惜属于自己可以支配的时间吧。

时间管理的十个关键

华人著名成功学专家、演说家陈安之先生，曾经激励了无数人奋发向上，突破瓶颈，实现梦想，我欣赏他提出的著名的时间管理法则。

一个人的成功与否最重要的当然是取决于他的行动。陈安之认为一个人的成就跟他时间管理的能力成正比。很多人时间管理做得不好，因为他不够忙。时间管理好的人，第一个现象就是忙，整个人开始忙碌起来，不是瞎忙，而是很有效率的忙。

时间管理的目的是为了要达到你的目标，所以假设一开始目标没有设定好，计划没有拟定详细，事实上时间管理的效率已经不理想了。成功就是每天进步1%。当你每天学习一点，行动一些，把计划做得越来越详细，不断地做检讨，你就会每天进步一些，逐渐走向成功。时间的重要意义已经说过，时间就是生命，掌握好时间就是把握好自己的生命!

一个人的成就决定于他24小时做了哪些事情。时间管理的重点在于如何分配时间，除了必要的睡觉、休息之外，力争在每一分每一秒都做产生最有生产力的事情，在更短的时间达成更多的目标。陈安之用大量实践的心得，提出了最棒的分享时间、管理时间的十个关键。这十个时间管理的关键是：

第一关键：要有明确的目标

请你拿出一张纸和一支笔，在这张纸上，先写出你明确的个人目标。如果你写不出，如果你没有明确的目标，那时间是无法管理的。

时间管理的目的，就是让你在更短的时间内达成更多你想要达成的目标。可以说我们都知道成功等于目标，所以你越能够把目标明确地设立好，你的时间管理就会越好。

第二关键：你必须要有一张“个人清单”

所谓“个人清单”，也就是你必须要把今年所要做的每一件事情都列出来。现在就把你要完成的每一件目标列出来，不光有主要的目标，还有一些要完成的小目标，也要把它列出来。当你有了“个人清单”之后，下一个你要做的是把目标切割。譬如为了达成今年的每一个目标，我上半年必须完成哪些事情？下一步就是把它切割成季度目标。我这一季度需要做哪些事情，全部列出来，如此再推出每一个月需要做哪些事情。

假设你没有办法有一个全年的“个人清单”，你至少从现在开始必须要有每个月的“月清单”。当然我们都知道一日之计不是在于晨，而是在于昨夜，所以在前一天晚上要把第二天要做的事情列出来。记住，你永远没有时间做每一件事情，但你永远有时间做对你最重要的事情。

当你列出来之后，把优先顺序排好，并且设定完成期限，这时你就已经迈向成功之路了。

第三关键：也就是大家所熟悉的20－80法则（或80－20法则）

你要把时间管理好，一定要知道哪些事情对你是最重要的，它赋予你最高的生产力。假如这些事情你不是很清楚，不是很了解，那你的时间管理永远不会很好。所以每一天必须花最多时间做那一件事情。

陈安之本人总是会列出第二天要做的每一件事情，同时会把这些事情分成小小的时段，这样他就可以百分之百地掌握自己的时间了。

还有一点，就是运用视觉的力量。导致时间管理不好的原因通常就是拖延。当“马上行动”摆在你前面，你很明确地看着它，它就会刺激你的潜意识，进入你的脑海里，迫使你马上行动。所以你应该在你的书桌前面贴一个“马上行动”四个大字。今天能做的事，不要拖到明天，明天又会有明天的任务。

时间管理要做好，你就必须有一个明确而且详细的计划。计划越详细越容易管理，你也越容易成功。

第四关键：每天至少要有半小时到1小时的“不被干扰的时间”

假如你能有1小时完全不受任何人干扰，自己关在自己的房间里面，开始思考一些事情，或是做一些你认为最重要的事情，这1个小时可以抵过你1天的工作效率，甚至有时候这1小时比你3天工作的效率还要好。所以记住，不被干扰的时间至少要30分钟，最好的时间差不多是60分钟，也就是1个小时。

一般来讲，需要花20分钟才能让自己的头脑冷静下来，心定下来。假设只有30分钟，效率并不会太好。所以给自己1个小时的不被干扰的时间是非常有效的方法。

设定不被打扰的时间在早上，最好是起床的时候，5点到6点，这个时候，你一个人思考，尤其是你的头脑非常清楚，你会发挥非常非常大的力量。假如你这个时段没有办法做到，还有一个时间你可以试试，就是在中午吃饭的时间。或是在下午3点到4点的时候。我自己设立的时间则是在晚上回家之后。

第五关键：你的目标和你的价值观要吻合，不可以相互矛盾

一定要确立你的个人价值观，假如价值观不明确，你就很难知道什么对你最重要。当价值观不明确的时候，你时间的分配一定不好。所以你一定要找一个时间把自己的价值观确定一下，什么对你才是最重要的？是健康、是事业、是家庭、是朋友，把它分配好。

记住，“时间管理”的重点不在于管理时间，而在于如何分配时间。

第六关键：每天静坐一小时

你可以找一张椅子，就坐在那里，记住，一定要完全不受干扰，没有任何的音乐，没有任何的杂音，就一个人坐在椅子上。当然一开始的时候，你一定很想要动，那时候你就要鞭策自己不准动，直到满一小时。假设你每天能够静坐一小时，思考、“过电影”或休息，你工作的效率一定会提升。

第七关键：所有的事情开始就把它做对

每一件事情，从一开始就把它做到完美，自始至终就把它做到最好，这样你就不需要重复去做同一件事情。不翻工，就等于节约时间。每一件小事都做好了，做对了，或都是“第一”，则整体一定就是成功。

第八关键：你必须控制你的电话时间

善于管理时间的人通常是由他的秘书帮他查询到底是谁打电话来，或是请他留言。留言时必须记住什么时间回电是最好的时机，不然你打电话过去，他又不在，徒劳无功。一般来讲，把电话积累到某一个时间，一次把它全部打完。

第九关键：同一类的事情最好一次把它做完

当你重复去做同一件事情，你会熟能生巧，因此你的效率一定会增加。

第十关键：做“时间日志”

你花了多少时间在做那些事情，把它详细地记录下来，每天做了什么，一一记录下来。你会发现，哎呀！浪费那么多时间。当你找到浪费时间的根源，你才有办法去改变它。

注：20－80或80－20法则简介。这是一个管理方面的法则，它主张：一小部分的原因，通常可以产生大部分的结果。就字面意义来看，你所完成的工作，约百分之八十的成果，来自于你所花的百分之二十的时间，也就是大部分的努力，是与成果无关的。这情况有违一般人的预期。所以，80－20法则指出，在原因和结果、投入和产出，以及努力和报酬之间，本来就是不平衡的。80－20的关系，提供了这个不平衡现象一个非常好的指标：典型的模式会显示，百分之八十的产出，来自于百分之二十的产入；百分之八十的结果，归结于百分之二十的原因；百分之八十的成功，归功于百分之二十的努力。在商业世界里，出现许多80－20法则的情况：约百分之二十的产品，或百分之二十的客户，涵盖了约百分之八十的营业额。百分之二十的产品或顾客，通常占该企业组织约百分之八十的获利。在社会上，百分之二十的罪犯占了所有罪行的百分之八十。百分之二十的汽车驾驶人，引起百分之八十的交通事故。百分之二十的孩子，达到百分之八十的教育水准。在家

中，百分之二十的地毯面积可能有百分之八十的磨损。百分之八十的时间里，你穿的是你所有衣服的百分之二十。而引擎更是80－20法则极好的明证：百分之八十的能源浪费在燃烧上，只有百分之二十可以送到车轮；而这百分之二十的产入，却能产生百分之一百的产出！其实80－20法则可以、也应该被聪明人应用于日常生活中、组织中、团体及社会里。这条法则能帮助个人及团体，花较少的力气，获得更多的收益。80－20法则能增进个人的效率和快乐，能增进收益及效率。它甚至是降低公共服务成本，并提升其质和量的关键。

时间管理最重要的四个秘诀

第一秘诀：做最有生产力的事情

陈安之曾把这句话“在每一分，每一秒都要做最有生产力的事情”贴在他的书房里，后来他发现自己的时间管理的确有进步，同时也因为这句精彩名言的影响，在27岁时，陈安之也成了亿万富翁。所以，请你也和他一样，把这句话贴出来，时刻提醒自己每一分、每一秒都要做最有生产力的事情。

第二秘诀：“时间大于金钱”

用你的金钱去换取别人的成功经验，这是比较快的方式。

第三秘诀：花最多时间做最重要可是不紧急的事情

人们常谈到时间管理，有所谓紧急的事情、重要的事情，然而到底应该先做哪些事情？当然第一个要做的一定是紧急又重要的事情。通常这些都是一些迫不及待要解决的问题。当你天天处理这些事情的时候，表示你的时间管理并不是那么的理想。

成功者花最多的时间在做最重要、可是不紧急的事情，这些都是所谓的高生产力的事情。然而一般人是做紧急，但不重要的事情。你必须学会如何把重要的事情变得很紧急，这时你就会立刻开始做高生产力的事情了。

第四秘诀：你一定要向顶尖的人士学习

每一个成功人士都是向他前面成功的人士学习，这几乎没有什么例外。你跟什么人接触，你的想法就会跟他接近，所以千万要仔细地选择你所接触的对象，因为这会节省你很多时间（近朱者赤，近墨者黑）。

假如你跟一个成功者在一起，他花了 40 年成功，你跟 10 个这样的人在一起，你岂不是可以学到他们许多成功的经验。这就是时间管理的诀窍。一旦掌握了时间管理的秘诀，你会发现自己做事的效率竟然会这么高，你终于有了更多的时间来做自己真正想做的事情。从今天开始祝愿你也将成为一个不折不扣的时间管理专家！

利用好有潜力的零碎时间

生活中零碎的时间很多，如上下班时乘公交的时间；出差乘飞机、火车、汽车的时间；平时步行走路的时间；吃饭前后的时间；在卫生间的时间；其他余闲休息的时间……不要小看这不起眼的零碎时间，在这些小时间里，在休息的同时可以想问题、想学习，而且有时效果出奇的好，甚至在不经意间出现灵感。短时间积少成多，充分利用好这零星的每一分钟，潜力巨大，不可忽视！

卡尔·华尔德曾经是爱尔斯金的钢琴教师。有一天，他给爱尔斯金教课的时候，忽然问他："你每天要练习多少时间钢琴？"

爱尔斯金说："大约每天三四小时。"

卡尔·华尔德："你每次练习，时间都很长吗？是不是有个把钟头的时间？"

爱尔斯金："少不了个把钟头吧，我想这样效果才会好。"

"不，不要这样！"卡尔说，"你将来长大以后，每天不会有长时间的空闲的。你可以养成习惯，一有空闲就几分钟几分钟地练习。比如在你上学以前，或在午饭以后，或在工作的休息余闲，几分钟几分钟地去练习。把小的练习时间分散在一天里面，这么一来弹钢琴就成了你日常生活中的一部分了。"14 岁的爱尔斯金对卡尔的忠告未加注意，但长大后回想起来这些话真是至理名言，从中他得到了好多好多的益处。

后来爱尔斯金来到哥伦比亚大学教书，他想兼职从事创作。可是上课、看卷子、开会等工作把他白天和晚上的时间完全占满了。差不多有两个年头，他没有写出一点东西，他的借口是“没有时间”。后来，他突然想起了卡尔·华尔德先生告诉他的话。到了下一个星期，他就把卡尔的话实践起来。只要有几分钟的空闲时间，他就坐下来写作一段或短短的几行文字。

出乎意料的是，在那个周末爱尔斯金竟写出了好几篇很漂亮的文章。

后来，他用同样积少成多的方法创作长篇小说。爱尔斯金的授课工作虽然一天比一天繁重，但是每天仍有许多可以利用的短短余闲。他发现每天小小的间歇时间，足以让他从事创作与弹琴两项工作。

文学巨匠鲁迅先生惜时的故事

在人生的征途上，鲁迅不是走，而是小跑，用小跑走完了自己壮丽的一生，为人类留下了辉煌的文化遗产。

当好友问及鲁迅的名字有什么讲究时，鲁迅回答说，用这个名字的原因之一，是取愚鲁而迅速之意。他认为自己比较笨拙，无论对学问或者干事情，效率赶不上天赋较好的人。在这种情况下，只有更加勤勉，做事迅速，才能在一定时间内，收到和别人一样的效果。

有人说鲁迅是天才。鲁迅说："哪里有天才，我是把别人喝咖啡的工夫都用在工作上。"

鲁迅是怎样珍惜时间的呢？一是用"早"字精神要求自己，鞭策自己。鲁迅 12 岁的时候，在绍兴城的私塾"三味书屋"读书，老师是严厉的寿镜吾老先生。当时，鲁迅的父亲正患病，两个弟弟年纪都小，不仅需要他经常上当铺，跑药店，还要他帮助家务劳动。

有一天，他帮着妈妈多做了一些事情，上学迟到了，受到了寿镜吾老先生的责备。鲁迅诚恳地接受了批评。他用小刀在书桌的右下角正正方方地刻了个"早"字，自己时刻警惕着，鞭策自己，珍惜时间，发愤读书。

鲁迅的珍惜时间，还在于他善于"挤"。他一生多病，工作环境也很差，但他常常在自己的工作室里工作到深夜两三点钟才睡，到了第二天上午 11 时起床。这时候，他往往午饭就不吃了，一起来就开始工作，直到吃晚饭时才用餐。有的时候，因为赶着写稿，他就不脱衣服，躺在床上打一个盹儿后，起来泡杯浓茶，抽一支烟，又写作了。

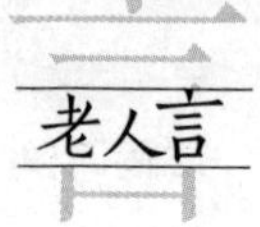

鲁迅先生说："生命是以时间为单位的，浪费别人的时间等于谋财害命，浪费自己的时间等于慢性自杀。"

鲁迅一生译著共50余部，在他晚年的最后10年中，出版了40余种著述。这10年，他对自己的要求是"赶快做，拼命干"，"要一人兼做两三人、四五人、十几人的工作"。

时间，对于每个人都一样，一分不多，一分不少，每天都只有24小时。市场经济时代，时间即财富。小时间，小财富。不怕小，由小不愁大，由少可以积少成多。成功的关键在于你怎样利用好属于你的每一分钟，包括那些不要忽视的短的、小的、零星时间，这样就能积小"才"成大"才!"

第十四章

主意总是想出来的

1

会想办法的犹太人

什么是想？想就是思索，思索就是问与答的过程。问是提出问题，答就是经过思考（深思熟虑）、探索得出解决问题的方法和答案。当然有了好的提问，才可能完成一个好的思索过程，直至得到好的答案。我们说主意都是想出来的，也就是说，假如你要想成功的话，就要去花时间思考一些有效的实现目标的办法。无论哪个领域，大事小事，古今中外，有思路就有出路，但好的思路来自于智慧，概莫能外。睿智的思路英明且有远见。

众所周知，世界上犹太商人是最精明的生意人，他们经商的成功之道当然来自于自己的智慧，其中就包括深思熟虑地想主意。有一个流传于世、著名的《只贷一美元的犹太商人》的故事，说的就是这个道理。

一位犹太富豪走进一家银行，来到贷款部前，大模大样地坐了下来。

“请问先生，您有什么事情需要我们效劳吗？”贷款部经理一边小心地询问，一边打量来人的穿着：名贵的西服，高档的皮鞋，昂贵的手表，还有镶宝石的领带夹子，手里还拎着一个非常昂贵的皮箱，……

“我想借点钱。”

“完全可以。但贷款的话需要有担保人，或者您得拿得出一些东西抵押才行，您想借多少呢？”

犹太人想了想说："我想贷款1美元。"

"只贷1美元？"贷款部的经理惊愕了。要说这位经理自以为聪明，心想，这个犹太人肯定是位大客户，这是要拿1美元的事考验我们的信誉和效率，也许有大的买卖等着我们呢！1美元不过是一个引子。

"我只需要1美元。可以吗？"

"当然，只要有担保或抵押，借多少，我们都可以照办。"

"好吧。"犹太人从豪华的皮箱里取出一大堆股票、债券、房产证和金银珠宝等放在桌子上，"这些做担保可以吗？"

经理清点了一下："先生，总共值50万美元，做抵押足够了，不过先生，您真是只借1美元吗？"

"是的。"犹太商人面无表情地说。

"好吧，到那边办手续吧，等到还清贷款时，我们会把这些抵押的股票、债券、房产证和金银珠宝等再还给您……"

"谢谢……"犹太富豪办完手续，便准备离去。

一直在一边冷静旁观的银行行长怎么也弄不明白，一个拥有50万美元的人，怎么会跑到银行来借1美元呢？他从后面追了上去，有些窘迫地说："对不起，先生，可以问您一个问题吗？"

"你想问什么？"

"我是这家银行的行长，我实在弄不懂，你拥有50万美元的家当，为什么只借1美元呢？要是您想借30万美元，或40万美元的话，我们也会很乐意为你服务的……"

"好吧，既然你如此热情，我不妨把实情告诉你。"犹太人神秘地微笑了一下后，道出了其中的秘密："其实我是想到国外去旅行，但是家里值钱的东西实在是放心不下；本来想在你们的银行办理一个保存业务，可我一算每个月的保管费就需要花掉几百美元，太不划算了。但是像现在这样多好，我拿这些值钱的东西去贷1美元，几个月之后还款也就是1美元，利息很低，而且我的东西还被你们保管得很好。我还有什么不放心的呢？”

本来贵重物品就应该寄存在银行金库的保险箱里，这位犹太人利用自己的智慧，想出了这个绝妙的主意，从而实现了自己预期的目标。

想办法把不可能变为可能

中国的象棋奥妙无穷，每一着棋都有许多许多种走法，牵一发而动全身。因此要多想几步。只有好的思路，才会前进，直至冲出困境，走向胜利。

有一位经济学家，经常为企业的厂长、经理们上课，是有名的高级讲师。在他的点拨之下，许多企业得以发展壮大，有的扭亏为盈，甚至起死回生。有一次他给企业的头头们讲课，顺手拿起桌上的一张纸片，问他们谁能立即剪出一个洞，让在座者中最胖的一位厂长钻进去。一开始，大家目瞪口呆，瞬间的第一反应，这是不可能的。短暂的寂静之后，学生中没有人举手，只见经济学家将纸片对折，然后从对折的那一面开始剪，剪到开口的那边再往回剪，这样一直按 S 形曲线剪，几十秒钟后，展开的纸中居然有一个大洞果然能让一个人钻进去。显然，结论是可以做到的，而且只要你愿意，一张小纸剪出的洞，能套进一座大楼。

这个故事启示人们，思路是极其重要的。想问题，应该反复、深入、全面地思考和分析。如从前向后想，从后向前想，从中间向两头想，从上面、从下面、从左面、从右面想，全方位、立体地去思考；至少如同古钱币有正反两面，研究它既要研究正面，也要研究反面；这样做方方面面都考虑到了，想充分了，论证充分了，准备充分了，则办事情能够成功的把握一定会大大地增加！

看过电影《大决战》的观众都知道，大战之前，毛主席阅读地图，往往是一连几天几夜；甚至坐在板凳上，手拿放大镜，地图就摆在自己的腿上，那种专心致志、深思熟虑的场景，体现了一个大军事家、战略家虽然思于窑洞，但决战于千里之外。

3

凡事要多想几步

有一个现代故事，一位专家急匆匆走进演讲厅，他正要给全市企业骨干作一个重要的讲座。专家把一个U盘插入讲台上的多媒体电脑，准备打开电子文稿。可是，系统无法读取指定的设置，台下有些轻微的骚动。

此时，只见专家不慌不忙地说：“不要紧，我带来了手提电脑。请工作人员帮我把线接好。”突然，报告厅的灯全灭了。因负荷太大，照明电源跳闸。这时，下面的人议论纷纷。专家看看网线，灵机一动说：“我有准备的，打开我的邮箱就行。”可是，啊呀！邮箱竟然打不开。大家一阵欷歔。专家笑笑说：“世事真难料，我精心准备了三份都无法使用。不过，我还有第四种办法。”他像变魔术一样地拿出一个小东西——移动硬盘。随后电也来了，讲座开始，投影机射向屏幕上的字是：题目——《自信与成功》。

接着，专家打开电子演示稿，屏幕上又赫然跳出一行字：

我的第一讲内容是：人的自信来源于多重准备，当你这个准备无效时，只要你可以快速地找到第二种、第三种甚至更多种的应对办法，你就能够成功！

这时台下掌声齐鸣！

这就是：出路来自于思路；没有思路，何来出路？多一种思路，多一条出路。经验表明，你思考得越痛苦，越是绞尽脑汁，直至深思熟虑，你的收获才有可能为最大。好的思路就是走向成功的开端！

点子是想出来的，道理是悟出来的。一个好的主意又称为金点子，那是智慧的结晶，按照客观规律去实践它，则往往能够收获成功。

“馊”主意也不妨一试

下午，某建筑公司经理忽然收到一份购买两只小白鼠的账单，不由好生奇怪，“搞建筑怎么能用到小老鼠?”

原来这两只小白鼠是他的下属买的。他把那下属叫来，问他为什么要买两只小白鼠？答道：“公司维修部去修理一家浴室的房子，需要安装一根新电线。那根电线要穿过一段10米长、但直径只有2.5厘米的细管道，由于管道砌在浴池阴暗潮湿的墙角里面，难于施工，并且弯了4个弯，无论怎么穿线，电线也穿不过去。大伙都在发挥各自的智力，每个人都在积极的想主意，最后终于有人想出了一个办法，合计的结果觉得可以一试，得到了大家的认可。那就是到宠物商店去买小白鼠，先把一根细尼龙线绑在小老鼠身上并把它放到管子的一端。老鼠为了逃命，它会沿着管子跑，身后的那根细线也被拖着跑过了整个管道。然后再把细尼龙线拴在电线上，电线就可能穿过整个管道。”

经理笑了，“亏你们能想出这么个‘馊’主意!”

“这个主意不知行不行，这不小白鼠买来了，维修工正在做，马上就能知道结果，”……话还未说完，报喜的电话来了：小老鼠不负众望，穿线成功!

主意总要有人想，主意都是想出来的，是一个馊主意吗？实践它，是骡子是马拉出来遛遛，一试便知。

只要你想，办法总是有的

20世纪70年代正是我国“深挖洞，广积粮，不称霸”的时代。1974年我是一个20多岁的青年大学生，记得那年轮到我们班建校劳动，停课一星期。停课期间的劳动任务，就是在学校所在的那座石头山里挖防空洞。三班倒，一个小组十几位同学，日夜干。每个小组的任务包干，将防空洞里的碎石头若干立方用筐抬、架子车拉，运到防空洞外面，从半山坡倒下来。哪个小组能提前完成任务，节余的时间就可以自由支配，甚至去玩。那时候，一帮青年人，朝气蓬勃，浑身有使不完的劲，干起活来热火朝天。

我们小组当然也想抓紧时间将包干的活尽早干完，腾出时间去玩。劳动时，女同学装车，男同学拉重车，倒石头。但是，存在一个问题，就是劳动的效率不高，原因并不是同学们干活不卖力，而是每次从架子车上倒下装满的石头时，架子车经常会从半山腰顺坡滑下，然后人再下去捞架子车，这样每次既要消耗体力，又要浪费很多时间。

为了提高效率，组长召集这帮青年人开会，要大伙集思广益想办法。可是除了出力流汗之外，学物理的这帮青年大学生绞尽脑汁也没有想出一个巧办法。又隔了一夜，有一个来自枞阳县叫钱叶凡的男同学有了新发现，倒碎石头的山坡正好立有一根废弃的电线杆，在它旁边不远处有一棵已被碎石头部分填埋了的小树，他建议找一根麻绳拴在电线杆和小树干上，倒碎石头时，利用物体的惯性和拴麻绳小树干的弹性，弹力将架子车连车把弹回来，而碎石头靠惯性滑下山坡。这是一个想出来的主意，一实验可行，效果不错，大伙们乐坏了，效率大大提高，一个班八个小时的活，我们不到四个小时就干完了。

这是个智慧的好主意，至今难忘，现在回忆起来还觉得可笑。大学生活愉快，能不忆江南？

6

想法要与时俱进

自行车问世至今，已有近二百年的历史。发明自行车的人不简单，就中国而言，除了儿童之外，大人们十之八九都会骑自行车代步，上亿辆自行车表明中国在世界上是名副其实的自行车大国。

现代自行车，无论其结构如何变化，它行走的主要机械总是：两只轮子，脚踏链条驱动机构与转向把手。这里要说的是自行车的生产者，通过对自行车的结构改造，每一次只要有新的改革，之后企业就能获得一次大的利润。

如20世纪80年代，中国出现了直把加带变速机构的自行车，这大大地迎合了青年人新潮口味，一时间生产厂商狠赚了一笔。

21世纪之初，城市上班族开始流行电瓶驱动的自行车，这又让赶时髦的年轻人爱不释手，外形各异、五花八门的电瓶自行车市场至今火爆不衰。

至2005年开始，自行车市场中出现了一种小轮折叠自行车，于是又是一阵狂飙风，让住楼的千家万户纷纷解囊畅购，无疑使生产厂商再次大大赚了一笔。

说实话，尽管上述三款车属于新式自行车，但无论怎么改造都没有从根本上改变自行车的主体机械结构——两只轮子，链条驱动，转弯靠把手。此三款车与传统的老式自行车相比：①直把车的骑车者、没有弯把车骑车人坐得舒适，只是直把车的把手新潮，新结构面孔让有好奇心的年轻人喜爱，老年人绝没有一个人爱骑这种直把车的。②变速自行车其实并不实用，普通自行车的车速快慢实际上由骑车人极容易控制，多了变速齿，只是成为商家增加价格的理由，从实用角度看，基本上用途不大。③自行车作为代步工具，脚踏自行车在为人代步的同时，增加人们的运动量，锻炼了身体，有氧运动利于身体健康；而坐有动力的电瓶自行车不如干脆买台摩托车或坐小汽车了；另外铅蓄电池寿命有限，污染环境的问题至今也没有找到好的解决办法。④小轮折叠自行车由于轮子小，几乎是一种玩具车，其速度比传统自行车慢，而价格几乎比传统自行车贵1/2 ~1 倍。这种车与其说为成人代步，不如说是给儿童设计的代步、学步车。

现实情况是，说白了，自行车改来改去，实际上万变不离其主题结构。但是，生产厂家每想出一种新的思路，拿出一种新的设计，造出一种革新后的自行车，都能够增加产品的附加值。这是增加赚钱的好思路、好方法之一。

变则通，变则活，转变思路，变中孕育创新，而生命的活力也正在于此！

7

思想有多远，你就能走多远

青年人要敢想，敢闯，敢干！中央电视台曾经做过一个“心有多大，舞台就有多大”的著名公益广告，画面很美，音乐也很美。一对年轻充满活力的青年男女舞伴跳到大自然的天地里，从单人到双人……他们在“人生”的大舞台上翩翩起舞——“心有多大，舞台就有多大”。满含哲理的广告语说得太好了。对于想成功的人来说，做事情，干事业，确实如此——只要敢想、敢闯、敢干，心有多大，你的舞台就有多大；思想有多远，你就能走多远！

18岁的孙子考上了农业大学，即将成为农学专业的一名大学生。临上大学前，种了一辈子地、与庄稼打了一辈子交道的爷爷给他讲了一席话，至今让他不能忘怀。

爷爷说：五十年代他种小麦，一亩地只收几十斤，百十斤；好年成，一亩地最多能打出二百来斤，那时我们年年用的种子都是上一年留下的红糙麦。1958年大跃进，提出“人有多大胆，地有多高产”，换了良种大白麦，亩产明显提高，由每亩三百多斤逐年增加到能收六七百斤。中间有一段时间还批评那个“人有多大胆，地有多高产”的口号。进入21世纪，你看用上了小麦新的高产品种，改良了土壤，肥料也用得好，防治病虫害，实行了科学种田，如今小麦平均亩产普遍都能达到800多斤，好的地区还有亩产超千斤的呐。你看“人有多大胆，地有多高产”的口号还是有道理的，只要你敢想，敢字当头，就没有办不到的事。你读大学，一定要努力学习、掌握知识，你的学习能力好比我种的地一样，同样有无穷的增产潜力。后来这个学生一直读到博士毕业，他的博士论文还入选了当年的全国百篇优秀博士论文。

关于“心有多大，舞台就有多大”，“思想有多远，你就能走多远”，实际上说的是人的胆识问题。重庆力帆集团董事长、做摩托车和汽车的著名企业家尹明善有过名言：“有胆少识，尚有50%机会；有识无胆，机会接近于零。”“……总的来说，人才都具备三个特点：有胆识，敢干；具备解决复杂问题的能力；吃得苦，受得委屈。其中，排在第一位的是胆识，因为再有能力的人，如果没有胆识，凡事缩手缩脚，那他连成功的机会都没有。”“异想天开才能茅塞顿开，胆大妄为才能有所作为。”妙哉！

有一本书，《红顶商人胡雪岩》，其中一段话说得很好，“如果你拥有一县的眼光，那你可做一县的生意；如果你拥有一省的眼光，那你可做一省的生意；如果你拥有天下的眼光，那么你可以做天下的生意。”成功者，他们的眼光、思路都是远大的，眼观六路，耳听八方，放眼未来、胸怀世界。这包括自2000年开始，评出的CCTV中国经济年度经济人物中的年轻者，史玉柱、马云、邓中翰、李彦宏、黄鸣、宗庆后、南存辉、潘刚、尹同耀、刘永好、施正荣等莫不如此。如今他们都是叱咤风云、誉满天下、令人敬佩的成功创业者。这正是，心有多大，舞台就有多大；思想有多远，你就能走多远！

这是智慧的水源！一方水土养一方人。世界上，从来没有真正的绝境，有的只是绝望的思维，只要智慧与知识不曾干涸，转换思路，再荒凉的土地，也会变成生机勃勃的绿洲。这不正是转变思路就能获得成功的道理吗？

第十五章

发现并抓住赚钱的机会

1

两个青年人开山挖石头的故事

有两个年轻人，他们的家在一条河边的山脚下，早些年他们是靠出力气开山挖石头、卖石头挣钱过日子。挖出的大石头敲碎后，按重量卖给建筑商。

一个小伙子身体健壮，力大如牛，习惯了那种多挖石头多卖钱的生计。另一个小伙子嫌挖石头太累，寻思着靠重量卖钱是有限的，他开动脑筋，留心在挖石头卖钱的同时，将造型好的花石头挑选出来后堆在一边，而后再卖给环境绿化开发商，如此做法让这个小伙子比按重量纯卖石头多得了一份收入。不久，政府为了保护环境规定不再允许开山挖石，于是当地的老百姓又开发山地种果树。通过精心管理，几年下来，苹果、酥梨、石榴、水蜜桃数种水果开始上市，产量也实现了大丰收，而且不同的水果不同的季节采摘，显然老百姓种水果、卖水果比卖石头要赚钱多。

当第一个小伙子在大力发展繁育果树的时候，第二个小伙子又发现了装运水果的筐篓必须花钱从外地买进，于是他寻思，在种水果的同时，他拿出路边的一部分山地种下可用于编筐的柳条树，2 年后，速生的柳条可以割下来编筐了，这个小伙子从此每年又可以多赚一笔钱。

经过十几年的发展，山边的住户逐渐开始富裕了。果林茂盛，山清水秀，环境优美，村民们连原来住过的土石头房也换成了如今风格各异的别墅型新派两层小楼。果林中，通向山里修了一条观光道，两旁还建起了别致的售货小店。富裕的新果园村成了远近亮丽的风景线，成为吸引都市游客来这里观光游览的绿色农业生态园。这时候那个小伙子又动起了脑筋，

他在山下果园入口处砌起了一堵长墙，租给一家饮料公司做了广告墙："仙山果汁，滋润心田"八个红色的大字，让游客老远就能映入眼帘，这一下让年轻人一年口袋里又静悄悄地进账4万元。

风景如画、特色无限的绿色生态园和小伙子的故事吸引了一位大企业家，他决定在水蜜桃上市的时候来这里游览，顺便也想拜访一下这位年轻人。哪知道，那一天，当他在游览区路旁的售货店，经人指点见到那位想见的小伙子时，他正与路对面的一家售货店老板在吵架。原来，小伙子店里的水蜜仙桃5斤一篮20元，同样的水蜜桃对门5斤一篮只卖18元，当他降到5斤一篮18元时，对门店里又降价为5斤一篮16元，对门的店一天中总比他多卖出200多篮……到后来大企业家知道了，原来这两个售货店都是那个精明的、用心的年轻人开的。再后来大企业家以令人咂舌的高年薪把这个青年人挖到了他的公司里做了他的助理。

这是一个让人备受启发、让人思考、富含哲理的故事。这说明挣钱，其实机会就在你的身边，但你要靠自己的智慧，才能寻找到和发现它。

洗澡池里寻商机

青年姑娘刘英揣着父亲给的500元钱到重庆打工，在一家温泉宾馆当服务员，由于工作努力，一年后，她由服务员变为温泉浴室部领班。

重庆人爱洗温泉，但温泉多在远离闹市区的郊外，且门票少则二三十元，多则上百元。不少人感叹："要是城里能有温泉水就好了。"言者无意，听者有心。刘英突然寻思：如果这种温泉水能人工造出来该多好！可当她把这种想法告诉同事时，大家都用异样的眼光看着她说："如果有这种可能，还能轮到你来造吗……"

固执的刘英并没有因为嘲笑而放弃梦想。她坚信，任何事情都是先有想法，然后才变为可能。可不可以，要先试试才知道（这就是有了思路才有出路!）。

一天，刘英遇到了重庆天原化工厂的工程师殷季侠。殷季侠听了她的想法后很吃惊："我搞日用化工研究几十年，都没有想到这个点子，却被你想到了！这个主意太好了，我很乐意帮助你实现这个梦想！"为了实现梦想，即将被宾馆提升为浴室部副经理的刘英辞了职，并拿出省吃俭用积攒的两万多元钱，与殷季侠一起开始了"人造温泉"的研究。

在对中国十大著名温泉水（北京小汤山、鞍安汤岗山、西安华清池、重庆东泉、中原临汝、黄山、庐山、南京汤山、广东从化、昆明安宁）进行了矿物质的成分及含量分析后，他们成功地得到温泉水的"最佳配方"。经过近一年的反复实验，一种能够迅速溶解在30℃以上的水中、并能使自

来水迅速变成与天然温泉水完全相同的“温泉片”诞生了。此后，该产品获得了国家发明专利。经卫生防疫部门检验，该产品溶于水后对人体无毒、无害、无刺激性，微量矿物质、硫黄等成分与多数天然温泉水中的成分相当。

在获得有关部门的销售许可后，2001 年年初，刘英与殷季侠以及其他两位投资者，总共出资不到 10 万元，成立了重庆香池莲科技发展有限公司，并在渝北租了一个小厂房，正式生产温泉片。

打开市场不是想象中那样简单。刚开始，请不起推销员，刘英就自己到一些浴室、洗脚城给老板和顾客详细讲解温泉浴的好处，让客人先感受产品，并承诺如果效果不好可以不给钱。有的店感觉很新鲜，同意先试试；而更多的人则认为她是一个骗子，没等她把话说完，就把她轰走了。一年多的时间里，她跑遍了重庆大大小小的 2000 多家浴室、洗脚城。

经过不懈地努力，终于有些商家开始接受温泉片，上门订货的人也逐渐多了起来。刘英又趁机开发出了一系列产品，并将温泉片价格由以前的每片七八元降到五元左右。据称，每片温泉片可兑出 150 公斤温泉水，足够一个人洗用一次。香池莲公司一年可销售 200 多万片温泉片，目前刘英个人资产早已超过上千万元。

朋友们都说刘英“运气好”，但刘英却说：“成功需要创业的勇气、捕捉机会的眼光，更重要的是锲而不舍的精神。我今天的成功，是经历了实验中的无数次挫折、遭遇了推销中数不尽的白眼，甚至是上过许多当、走过种种弯路才得来的！”

专业人士认为：天然温泉的储量是有限的，人造温泉能够很好地填补这个空白。先人一步去找市场中的短缺和空白的服务或者产品，是一条成功的捷径。生产人造“温泉片”是刘英遇到的商机，是她寻找到的赚钱机会，然而更是她创造出的赚钱的机会。

你看，机会的到来与发现往往是充满了戏剧性。在最初，它只是让人看到成功的一线曙光，但一到了关键时刻，就会遇到许多你意想不到的困难，甚至意志不坚定者会丧失追求的信心。所以，听到幸运之声敲门的人总是那些目标如一，坚持到最后的人，他们才是成功者！

创造“吃苦”的机会来赚钱

早在2000年青年范庆学就退伍了。他回到烟台老家准备找工作，但那时当地民政局表示退伍军人的安置有困难，让他等段时间再说。失望的范庆学怀揣退伍费来到南京打工，不久他就应聘到一家保健品销售公司做推销员。因为怀疑产品的质量，一个月后，范庆学辞职了。

辞职后，他来到南京一家电脑公司打工卖电脑，但只有高中文化的他，对电脑一窍不通，工作3个月一台电脑也没卖出去，他又失业了。

一天傍晚，百无聊赖的他来到南京长江大桥上，漫无目的地散步。突然，他发现一个小伙子攀上大桥栏杆，一瞬间就纵身跳进了长江……范庆学本能地冲过去，但已经来不及了……

不久，报纸上刊登了这个自杀青年的新闻。原来，这个打工青年因一年多找不到工作，难以承受生活压力……放下报纸，范庆学难过地想：只因找不到工作就如此对待宝贵的生命？这时，他脑袋里突然灵光一闪：如果开办一家“吃苦”公司，专门通过高强度的军事强化训练和军事管理，让人们磨炼意志，强化心理健康，经受挫折教育，这种卖“苦”是不是会有市场？创造“吃苦”的机会是不是可以赚钱、致富？

答案是肯定的，让人“吃苦”中蕴藏有大商机。

第二天，范庆学来到工商局，一打听，要办个公司最起码需要3万元注册资金，可他只有3000元钱。只有挣到钱再注册了，范庆学马不停蹄地找到原部队的老领导，联系到一处训练基地，随后开始印制传单、跑企业，宣传“卖苦”业务。

2002 年 3 月 1 日，他将南京一家电子公司的 30 位大学生拉到位于安徽巢湖的一个部队训练基地，开始对学员们实施他制订的“吃苦”训练。其实，初创时期的范庆学只是变通了自己在部队时接受的一些常规训练科目，像野外生存等一些体能上的吃“苦”训练。如野炊训练——每组只发给 3 根火柴煮面条，自己观察风向、独立挖掘灶坑煮饭的训练等。

两天的训练很快结束了，上气不接下气的大学生们大呼过瘾。这次，范庆学只赚了 300 元钱和 30 套迷彩训练服。但他兴奋异常，仿佛看到了曙光……

不久，范庆学的业务终于打开了局面，与他联系的企业越来越多，短短的几个月受训人数达到两三千人。这时，吃苦训练的费用也由一人 10 元上升到每人每天 100 元。到 2002 年 12 月底，范庆学已经挣了 10 万元钱，登记注册了“南京兵法企业管理咨询有限公司”，并聘请了一些大学专业课程教师，还专门请了 8 位曾经在各类特种部队服役过的复转军人到训练基地当“魔鬼教练”。

然而随着人员的增多，不同的学员也带来了不同的问题。南京市中医院的 51 名中层干部作为非典后的第一批学员，很快便给范庆学出了道难题。烈日下，范庆学让 51 名队员整齐排列，然后训话：“本团队的临时负责人要组织报数，6 秒之内报完。如果超出时间，负责人必须受惩罚，第一次做 5 个俯卧撑。此后每次翻倍”，范庆学话没说完，队列里就“轰”的一声笑了。

大家一致推选身体强壮的张某做负责人。报数开始，大家却嘻嘻哈哈，结果张某的任务没有完成。开始，张某很轻松地做俯卧撑受罚……然而第 5 次受罚时，他做完 80 个俯卧撑已开始脸色发青、浑身发抖。

突然，队列中走出一位副院长，他怒气冲冲地喊了一嗓子：“我抗议！我们需要科学的训练，而不是法西斯式的训练！”范庆学这时站出来大声说：“有谁能永远一帆风顺？你们现在的身份和地位并不能说明将来你们就不会吃苦。这个科目需要大家齐心协力才能成功。至于让领队受罚，是让你们知道做不好是要受到惩罚的，现实生活可能比这更残酷！”

又一轮“报数”开始了。这一次，大家精神抖擞，声音洪亮，一气呵成，6秒钟内完成。范庆学惊喜不已：这就是激发团队潜能的证明。傍晚，训练结束会餐时，副院长一个劲地向范庆学鞠躬道歉：“我们是不打不成交啊！小兄弟！”

2004年11月，江苏省足球训练基地又投资20万元给范庆学的“吃苦”公司，范庆学修建了个固定训练营，并发展了攀岩、空中断桥、云梯等高空拓展训练项目，建立起了自己的行业网站。

范庆学希望让更多的人得到“吃苦”锻炼，也为那些退伍、复转的战友们，提供一条发挥特长的就业门路。

原来通过“吃苦”锻炼而赚钱的机会就是创造出来的！

第十六章

灵感与成功相伴

1 灵感概述

无数的事实表明，灵感总是与成功相伴。爱迪生说过一句名言："天才是百分之九十九的汗水加百分之一的灵感，但有时那百分之一的灵感比那百分之九十九的汗水还要重要。"可见灵感在人生中占有多么重要的地位。

什么是灵感？汉语词典上的释意是：在文学、艺术、科学、技术等活动中，由于艰苦学习，长期实践不断积累经验和知识而突然产生的富有创造性的思路。成功离不开灵感。灵感可能来自于不经意间一闪念，也可能来自于食不甘、寝不香，苦思冥想之时，但它可能是量变到质变的升华，是"坐十年冷板凳"，"面壁十年"厚积薄发或厚积厚发的结果。

产生灵感的机理到底是什么？为什么我们有时能够用直觉创造性地解决一个复杂的问题，而有时又变得迟钝起来呢？在过去几个世纪里，科学家一直在寻求这类问题的答案。不久前，科学家发现，人的不同思维方式来自大脑的不同区域，而灵感更爱惠顾那些准备进行创造的人。

据报道，虽然一些人明显比另一些人更具创造性，但我们都会用两种思维解决问题：分析思维和直觉思维。为什么我们有时会在一瞬间得到结论，有时又费尽心思地将各种想法拼凑在一起？

科学家的研究结果显示，准备进行创造的人更容易产生灵感。科学家已经将他们的这一研究成果发表出来，如果志愿者想用直觉解决问题，甚至在我们提出问题前，他或她的大脑活动就表现出一定的特征。而如果志愿者想用系统的和分析的方法解决问题，其大脑活动将表现出另外一种特征。这说明人的大脑状态或心境决定了他或她将用什么样的策略解决问题。

在科学家给志愿者提出的问题中，有些适合于用分析的方法解决，有些则更适合用顿悟的方法解决，有些则用两者均可。例如，一个字谜游戏要求志愿者找出一个单词，使它能与列出的其他 3 个不同英文单词搭配，分别组合成三个有意义的新词。一些人在灵光一闪后立即找到了这个单词，另一些人则用很多单词去尝试以找到最适合的。对他们脑活动的监测显示，使用直觉思维时，大脑的颞叶区（与概念处理有关）和额叶区（与认知控制有关）的活动明显增强，而使用分析思维时，在脑后部的大脑皮层视区的活动明显增强。

值得一提的是，有些问题用创造性思维去解决最好，而另一些时候用分析性思维去解决最好，有些问题则是随便用哪一种思维都可以。比如说，对于外科医生来说，重要的是有条理地按照预定好的程序来进行手术，而不能随便地发挥创造性。

人生离不开灵感，生活中人人都有灵感，它可能出现在你不经意的一闪念瞬间，关键是你要能抓住它，稍一大意，灵感可能会从你的脑中瞬间消失；青年人由于经验不足，稍纵即逝的灵感容易擦肩而过；也许它还会再来，也许它从此溜之大吉不再出现。灵感往往都是好思路，好主意，抓住它，也许是又一个成功的起点。

青年人，才智出灵感，请珍惜你的灵感吧！让它成为你成功的桥梁、杠杆和金点子！

古今中外，因抓住灵感而使人成功的例子，比比皆是。科学研究是科学家和科技工作者孜孜不倦地探索、追求、发现自然规律、研制新产品的劳动，除了在研究中一步步获得科研成果之外，也不乏科学家因受到灵感的启示而获得重大发现。

阿基米德发现浮力定律

阿基米德（Archimedes，约公元前287—公元前212年）是古希腊物理学家、数学家，静力学和流体静力学的奠基人。关于浮力定律的发现，世上流传有一个阿基米德因洗澡而突发灵感的著名而有趣故事。

相传叙拉古赫农王让工匠替他做了一顶纯金的王冠，做好后，国王疑心工匠在金冠中掺了假，但这顶金冠确与当初交给金匠的纯金一样重，到底工匠有没有捣鬼呢？既想检验真假，又不能破坏王冠，这个问题不仅难倒了国王，也使诸大臣们面面相觑。

后来，国王请阿基米德来检验。最初，阿基米德也是冥思苦想而不得要领。一天，他去澡堂洗澡，当他坐进宽容、舒适的澡盆里时，看到盆水外溢，同时感到身体被轻轻拖起。受此启示，他突然悟到可以用测定固体在水中排水量的办法，来确定金冠的比重。灵感的出现，让他兴奋地跳出澡盆，连衣服都顾不得穿好，跑了出去，大声喊着“福如卡！福如卡！”(Fureka，意思是“我知道了”)

他经过了进一步的实验以后来到王宫，他把王冠和同等重量的纯金放在盛满水的两个盆里，比较两盆溢出来的水，发现放王冠的盆里溢出来的水比另一盆多。这就说明王冠的体积比相同重量的纯金的体积大，所以证明了王冠里掺进了其他金属。

这次试验的意义远远大过查出金匠欺骗国王，阿基米德从中发现了著名的浮力定律：物体在液体中所获得的浮力，等于他所排出液体的重量。

苯环状结构的发现

苯在1825年由英国科学家法拉第（Michael Faraday，1791—1867年）首先发现。此后几十年间，人们一直不知道它的结构。所有的证据都表明苯分子非常对称，大家实在难以想象6个碳原子和6个氢原子怎么能够完全对称地排列、形成稳定的分子。1864年冬的某一天，德国化学家凯库勒（1829—1896年）坐在壁炉前打了个瞌睡，原子和分子们开始在幻觉中跳舞，一条碳原子链像蛇一样咬住自己的尾巴，在他眼前旋转。猛然惊醒之后，灵感所至，凯库勒明白了苯分子原来是一个环！这就是现在充满了我们的有机化学教科书的那个神奇的六角形圈圈。

凯库勒受到梦境的启示，发现苯的环状结构，从表面上看，是一种偶然，但实际上这正是他连续研究、日有所思、夜有所想而导致的必然，是厚积薄发的结果。

发现神经冲动的化学传递

复活节之前的那个夜晚，英国生物学家 H. H. 戴尔从梦中醒来，抓过一张纸迷迷糊糊地写了些东西，倒下去又睡着了。早上 6 点钟，他突然想到，自己昨夜记下了一些极其重要的东西，赶紧把那张纸拿来看，却怎么也看不明白自己写的是些什么鬼画符。幸运的是，第二天凌晨 3 点，逃走的灵感新思想又回来了，它是一个实验的设计方法，戴尔赶紧起床，跑到实验室，杀掉了两只青蛙，取出蛙心泡在生理盐水里，其中一号带着迷走神经，二号不带。用电极刺激一号心脏的迷走神经使心脏跳动变慢，几分钟后把泡着它的盐水移到二号心脏所在的容器里，结果二号心脏的跳动也放慢了。这个实验表明，神经并不直接作用于肌肉，而是通过释放化学物质来起作用，一号心脏的迷走神经受刺激时产生了某些物质，它们溶解在盐水里，对二号心脏产生了作用。

神经冲动的化学传递就这样被发现了，它开启了一个全新的研究领域，并使 H. H. 戴尔和 O. 勒韦（美籍德国人）共同获得 1936 年诺贝尔生理学和医学奖。

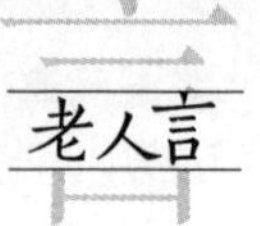

门捷列夫梦里的元素周期律

关于人称化学王国的宪法——元素周期律的发现也与灵感有关。

当时已经发现了63种元素，科学家无可避免地要想到，自然界是否存在某种规律，使元素能够有序地分门别类、各得其所？俄国化学家门捷列夫（1834—1907年）苦苦思索着这个问题，他将每个元素记在一张张小纸卡上，企图在全部元素复杂的特性里，捕捉元素的共同性。他把重新测定过原子量的元素，按照原子量的大小依次排列起来。他发现性质相似的元素，它们的原子量并不相近；相反，有些性质不同的元素，它们的原子量反而相近。他紧紧抓住元素的原子量与性质之间的相互关系，不停地研究着。他的脑子因过度紧张，而经常昏眩。

1869年2月19日，35岁的门捷列夫在疲倦中进入了梦乡。日有所思，夜有所梦，积累出灵感，在梦里他看到一张表，元素们纷纷落在合适的格子里。醒来后他立刻记下了这个表的设计思路：元素的性质随原子序数的递增，呈现有规律的变化，他终于发现了元素周期律。门捷列夫在他的表里为未知元素留下了空位，后来，很快就有新元素来填充，各种性质与他的预言惊人地吻合。

门捷列夫发现了元素周期律，在世界上留下了不朽的光荣，人们给他以很高的评价。恩格斯在《自然辩证法》一书中曾经指出："门捷列夫不自觉地应用黑格尔的量转化为质的规律，完成了科学上的一个勋业，这个勋业可以和勒维烈计算尚未知道的行星海王星的轨道的勋业居于同等地位。"

“人字桥”与灵感

我国西南有一条闻名于世的滇越铁路，据说可以与巴拿马运河、苏伊士运河媲美。在这条贡献巨大、造福边疆、不朽的铁路线上有一座以精美绝伦的设计而著称于世的铁路桥梁，它上承网络式桁梁与人字形拱架组合一体，成为独特新颖的“人字桥”。此桥像一个“人”字，两臂平伸，两腿叉开，百年负重，立于四岔河上。它任凭那桥下滔滔流水日日冲刷，桥上滚滚列车千万次地从其臂上碾过，同时又似一把剪子口，两个锋尖斜插在四岔河两岸，因而又有“剪子桥”的别称。至今，这座仍在使用的钢桥的建成给后人留下了太多的经典故事。

四岔河险峻的地貌与工程的难度，当时让法国的桥梁设计师们煞费心思。法国铁道部早于1904年年底就在本国采取招标形式，在报纸上刊登了征集设计方案的启示，征集方案虽然有二十余种，然而均不理想。当时在法国较有名气的桥梁设计专家保尔·波登也尝试着画了几张草图，但总感到不理想，缺乏特色，因此迟迟未能拿出手。他冥思苦想、千思百虑，因日日无良策而颇受煎熬。一天，保尔·波登去一家裁缝店量体裁布做衣，女裁缝一边为其裁剪衣服，一边与其聊天，不慎之中将裁衣刀失落在地，裁衣剪的两个剪刀尖恰巧插在地上。保尔·波登见状灵感顿生，眼前一亮，多日来的苦恼瞬间烟消云散。他哪里还顾得上做衣服，飞奔回家，思路如同打开的闸门，奔驰而下似脱缰野马。在后来的日子里，他废寝忘食，经反复计算，推敲琢磨，终于在一个月后将一个创新的设计方案呈送到铁道部、外交部。这个方案构思新颖，匠心独具，自然成为最佳选择，一举中标。这就是我们今天看到的“人字形”设计图——一个巧夺天工、流芳百年的灵动设计。

人字形工程历时20个月零26天，钢梁架设全过程花了5个月。梁含配重179.5吨，三铰重70吨，其矢高与跨长比为1∶35。架设在高200余米的四岔河谷中，显得精巧匀称，造型美观，与大自然壮丽山河浑然天成，构成一幅精美绝伦的图画。据传，当时为“人字形”桥设计施工的工程师中有一位意大利的女工程师，在桥建成后，她被工程与自然的完美结合深深地感动和吸引，以致不能自拔。她居然在拱桥边搭起一间简易房屋，每天守望着这件美丽的杰作，聆听着桥上火车的隆隆声，桥下滔滔的流水声和山中的蝉鸣鸟叫，安逸地度过了其后半生。这真是执着地守望至死不渝。

事实、实践总是如此，机遇往往和灵感共存，关键是你要能抓住它，千万千万不要让它从身边悄悄地流失。

尽管2008北京奥运会早已结束，但他给人们留下了许多启迪和更多的智慧与财富。

7

2008 北京奥运会吉祥物“福娃”的设计灵感

“福娃”是北京 2008 年第 29 届奥运会吉祥物，其色彩与灵感来源于奥林匹克五环、来源于中国辽阔的山川大地、江河湖海和人们喜爱的动物形象。

第 29 届奥运会即 2008 北京奥运会，凝聚集体智慧的吉祥物从设计到公布，历时 1 年多。北京奥运会吉祥物征集从 2004 年 8 月 5 日开始，到 12 月 1 日止。2005 年 3 月 11 日，由画家、雕塑家韩美林担任组长，集中了国内工艺美术、三维动画设计、玩具制作等方面 9 名专家组成的吉祥物修改创作小组，驱车奔赴北京远郊的怀柔雁栖山庄，在这里进行了两个星期的封闭式修改和创作。

在修改过程中，专家们感到以单一形象为基本点的创作思路难以承载有着 5000 多年灿烂历史的中华文化，以及举世关注的北京奥运主题。正因为如此，体现人与自然和谐相处的中国“五行”古代哲学思想，和现代奥运会五环特色相结合的“中国福娃”创意浮现出来。

4 月 29 日北京奥组委第 53 次执委会上，“中国福娃”（圣火、熊猫、鱼、藏羚羊、龙）的理念被初步确定。考虑到龙的形象不同国家理解上存在分歧，建议用鸟的形象代替。

五一期间，韩美林根据各方提出的修改意见，提出了以北京传统风筝“京燕”造型代替“龙”造型的修改方案。6 月 9 日，北京奥组委第 54 次执委会一致审议通过了修改后的吉祥物方案。

2005 年 11 月 11 日北京奥运会吉祥物正式公布。“福娃”是五个可爱的亲密小伙伴，他们的造型融入了鱼、大熊猫、藏羚羊、燕子以及奥林匹克圣火的形象。每个娃娃都有一个朗朗上口的名字：“贝贝”、“晶晶”、“欢欢”、“迎迎”和“妮妮”，在中国，叠音名字是对孩子表达喜爱的一种传统方式。当把五个娃娃的名字连在一起，你会读出北京对世界的盛情邀请“北京欢迎您”。福娃的原型和头饰蕴涵着其与海洋、森林、圣火、大地和天空的联系，其形象设计应用了中国传统艺术的表现方式，展现了中国的灿烂文化。

关于五个福娃的设计灵感如下：

* 福娃“贝贝”设计灵感——中国年画“莲（连）年有鱼（余）”，中国传统鱼纹样、水浪纹样。

* 福娃“晶晶”设计灵感——国宝大熊猫，宋代瓷器莲花造型。

* 福娃“欢欢”设计灵感——中国传统火纹图案，敦煌壁画中的火焰纹样。

* 福娃“迎迎”设计灵感——中国青藏地区的装饰造型纹样，小藏羚羊。

* 福娃“妮妮”设计灵感——燕子，沙燕风筝。

北京奥运会主体育馆鸟巢的设计灵感

北京奥运会主体育馆“鸟巢”的设计方案由瑞士赫尔佐格和德梅隆设计事务所，奥雅纳工程顾问公司及中国建筑设计研究院设计联合体共同设计完成。一说鸟巢，人们马上会想到人类的朋友小鸟用那一根根草棒搭起来的鸟窝，那是小鸟宽容温馨的家。联想到大自然、生命、温馨和谐、绿色环保等，“鸟巢”的名字就是一个让人心动、智慧的结晶！来自鸟巢的灵感，让人们在今天已经实实在在地看到了、那一根根钢铁支架搭起来的、北京奥运会主体育馆“鸟巢”。

中国建筑设计研究院副总设计师、国家体育场中方总设计师李兴钢在介绍“鸟巢”的最初设计创意时说道，与很多人想象的不一样，“鸟巢”的设计顺序为从内到外。

李兴钢曾这样说过：“它（鸟巢）就是体育场的原始状态，体育场就是为了体育比赛和观看比赛。这个外壳跟竞技场和坐席有关，底下是一个包容长方形竞技场的椭圆形，上面是一个圆形，使得所有最上层的观众也能有很均衡的视线。这样观赛视线比较好的东西两边安排的座席就比较多，南北安排的就少。”

“鸟巢”的另一位设计师，来自瑞士的 Herzog 曾经这样说：“人类居所并不比树上的鸟巢更尊贵，贫民窟的房子并不比富人区的豪宅更低贱。”这是他对于“鸟巢”的一种诠释。而“鸟巢”总包单位负责人谭晓春在给国家领导人介绍鸟巢时，曾以“元宝”这个充满了“中国式”的喜庆色彩的词语来称呼国家体育场。

“鸟巢”的建设过程：2002 年 10 月 25 日，北京市规划委员会面向全球征集 2008 年奥运会主体育场——中国国家体育场的建筑概念设计方案；2003 年 12 月 24 日 10 时，“鸟巢”正式开工，2008 年 4 月完工。国家体育场（“鸟巢”）首次正式比赛为 2008 年 4 月 18 日至 19 日举行的“好运北京”国际田联竞走挑战赛。2008 年 6 月 28 日“鸟巢”宣告竣工。

北京奥运会游泳馆“水立方”的设计灵感

方形是中国古代城市建筑最基本的形态，它体现的是中国文化中以纲常伦理为代表的社会生活规则。是“天圆地方”的灵感催生了“水立方”，而在中国文化里，“一方水土养一方人”，水又是一种重要的自然元素，它宽容温润，并能激发起人们欢乐的情绪。北京 2008 年奥运会场馆国家游泳中心——“水立方”是由中澳两国建筑师合作完成的设计方案，从十个参赛方案中脱颖而出，最终被确定为国家游泳中心的实施蓝本。

“水立方”——轻灵、宁静、具有诗意的气氛，融汇了中国传统文化和现代科技。本来，一个正方体，就能给人以温润宽容、简洁明快，又富有神秘之感。妙也！“水立方”作为 2008 年北京奥运会标志性建筑之一，是唯一由港澳台同胞和华侨华人捐资建设的奥运场馆，蕴涵着“百年奥运，中华圆梦”的深刻文化内涵。

“水立方”与“鸟巢”的位置只有一路之隔，一方一圆，一蓝一红，形成了一种微妙、均衡的关系。就设计过程来说，是先有“鸟巢”，所以，今天看来“水立方”与“鸟巢”形成了一个和谐、统一、对比、互相映衬的整体，真是智慧的结晶，奇妙无比。

10

国家大剧院的设计灵感

国家大剧院由法国设计师保罗·安德鲁设计。在他的设计中，大剧院是一个熠熠生辉的蛋形建筑，四周有水环绕，因此有人将国家大剧院称为“巨蛋”。

国家大剧院设计者安德鲁曾经来到北京外交学院演讲，进入提问环节时，一名学生问道：“您设计国家大剧院的灵感从何而来?”安德鲁回答说，有一天他感到非常疲惫，很无意地将一张纸盖在咖啡杯上，“一下子，灵感就来了。”

安德鲁的秘书亦已熟悉地重复那个耳熟能详的答案：“大剧院绝不是‘天外怪物’，它和周围的人民大会堂非常协调，高度上没有超越，形体上简化修饰，只会衬托出人民大会堂的美，又不压抑它的光辉。”“大会堂是方的，国家大剧院是圆的，完全符合中国‘天圆地方’的哲学思想。”

但安德鲁也曾经道出过从没有人听过的响应：在他竞标前最后一次从法兰西飞向中国的航班上，手里一直攥着一枚来自非洲的种子——Baobab，一种非洲的巨树，其种子呈椭圆形。从一颗种子开始，这就是来自法国的设计。

安德鲁将他的大剧院方案形容为“湖上仙阁”。这是一座坐落在近乎方形的大水池中的椭球体建筑，在冬天水池可作为滑冰场。大剧院的主要入口在北面，与地铁的出站口相连通，通道的玻璃顶则是水池的池底，观众在进入剧场前就能体验一下在水面下行走的奇妙感觉。它完全由曲线组成，银光闪闪，映照着粼粼波光，宛如湖中明珠。

国家大剧院造型新颖、前卫，构思独特，堪称传统与现代、浪漫与现实的完美结合。

注：国家大剧院工程位于北京人民大会堂西侧，西长安街以南。设计单位是法国巴黎机场公司，北京市建筑设计研究院参与主题结构工程设计。国家大剧院工程于 2001 年 12 月 13 日正式开工建设。国家大剧院设计者保罗·安德鲁生于 1938 年，是法国建筑学院和法兰西建筑科学院的院士。安德鲁设计了雅加达机场、开罗机场、大阪关西机场以及我国的上海浦东机场和广州新体育馆。国家大剧院于 2007 年 12 月 22 日晚正式首场演出。

第十七章

会说话，事半功倍

1

生活中离不开会说话、说好话

在第二次世界大战时，美国人就将“舌头、原子弹、金钱”视之为赖以生存的三大战略武器。台湾著名学者扶忠汉先生在他的名著《双向式英语》一书中说：“在知识爆炸与资讯导向的未来社会中，语言能力将等于谋生能力。10 年之内，我们衡量一个人能否成功，专业知识、经历、学历等固然重要，但他的语言能力将决定一切。”

言为心声，说话总是为了达到一定的目的。如，平时说话是用语言表达意思；管理者讲话是要说明事情、布置任务；会议发言者是要说明观点；谈话交流是为了沟通思想；说相声、演节目既让人们得到文化娱乐，又让他们受到教育；吹牛皮、侃大山为了消遣；连人与人之间的吵架都是为了发泄心中的愤怒或不满……总之，会说话、说好话，包括说不尖刻的宽容话才能达到你的目的。

说好话、会说话不可小视，说话有道。古代著名的文学理论家刘勰曾说过“一人之辩，重于九鼎之宝，三寸之舌，强于百万之师”。确实，解决国际国内争端之时，一场高水平的谈话，可以免却刀兵之祸。商业谈判中，一段有说服力的陈词可以赢得万千资财。就是在日常生活中，良好的谈吐也可以营造温馨的氛围，维系融洽的人际关系。总之，我们说同样要做一件事，你的话说得合适，会说话，说得好就容易让人理解，达到目的。

话说好暖人心，话说坏惹祸端

大学毕业20年后，在一次会议上，我碰到比自己高一届的一位女校友，她自留校后如今已是大学教授、某研究所的所长，一拨上下届师姐弟相见当然很亲切，互致问候。第一位男士说：活跃分子好（原来上学时她是系里的社会活动积极分子，热点人物）。当时只见女教授眼一瞪，似有不快。第二位男士说：美女好（原来上学时，她是系里的一枝花）。女教授有微笑。而第三位男士说：师姐好！此时女教授上前握手致谢。显然，第三位的问候最得体，彰显宽容尊重，故说话的品位最高；此虽是戏言，但我想，我的师姐听了一定心里很舒服！

中国铁路甬温线“7·23”特大交通事故让百姓心痛。一时间铁老大曾处于全国人民质疑的风口浪尖。在位8年的新闻发言人、号称“铁”嘴的王勇平在新闻发布会上因一句似缺少宽容、有点尖刻的“我反正信了”的话引起网友热议，并成为当时的网络流行语。连他的培训老师、清华大学新闻与传播学院教授史安斌亦表示他“犯了一个资深发言人不该犯的低级错误。”

2011年8月16日铁道部表示王勇平不再担任新闻发言人。之后他赴波兰华沙任铁路合作组织中方代表。原本新闻发言人在众目睽睽之下说话是慎之又难矣，而此成为他人生的转折点！足见说话多么重要，尤其在电视与计算机信息网络发达的今天，公众人物在大众中的言语更容易成为舆论关注的焦点。正是会说话，说好话，会说不尖刻的宽容话，难矣！

注：2011年7月24日22时43分，在“7·23”甬温线动车追尾事故发生26个小时后，铁道部召开“7·23”甬温线特别重大铁路交通事故首次新闻发布会，铁道部新闻发言人王勇平通报了事故情况，并回答了部分记者的提问。会上，当王勇平被问到“为何救援宣告结束后仍发现一名生还儿童”时，他称：“这只能说是生命的奇迹。”之后，被问到为何要掩埋车头时，王勇平又说出了另一句话，“至于你信不信，我反正信了。”

说话巧能生财

说一说关于深圳蛇口工业区原党委书记袁庚的故事。

袁庚是深圳特区创业的功臣，一位有闯劲的改革家，同时他也是一位在涉外经济活动中，善于同外商斗智周旋的“企业家”。有一次他出访某国，与一家财团谈判，要在蛇口工业区合资经营新型浮法玻璃厂。对方恃其技术设备先进的优势，向我方漫天要价，使谈判陷入僵局。

一天，该财团所在的市商会邀请袁庚发表演讲，袁庚欣然前往。他在发表演讲时，若有所指地说：“中国是一个文明古国，我们的祖先早在一千多年前，就将四大发明——指南针、造纸、印刷、火药的生产技术无条件地贡献给人类，而他们的后代子孙，从未埋怨他们不要专利权是愚蠢的，相反，却盛赞祖先为推进世界科学的进步做出了杰出的贡献。现在，中国在与各国的经济合作中，并不要求各国无条件地让出专利权，只要价格合理，我们一个钱也不少给……”

袁庚这一场不卑不亢的精彩演讲，赢得了与会者的热烈掌声，也促使这一财团在以后的谈判中，愿意降低专利费与我们携手合作，双方由此达成了近亿元的合作项目。你看，一场不卑不亢，有理有据的演讲，竟然能创造出如此巨大的经济价值。

生活中会说话，哪怕做小生意都能增加经济效益。如某早餐店一杯豆奶卖1元，另加入1个糖泡鸡蛋要多收1元钱。一开始，服务员问顾客：

要另加 1 个糖泡鸡蛋吗？回答多是：不要。后来，服务员改问食客：是要加 1 个糖泡鸡蛋还是加 2 个？此时，顾客往往回答：加 1 个吧。这不，一句合适的引导性言语问话，使早餐店卖一杯豆奶又可赚多卖 1 只鸡蛋的钱，正是事半功倍。真是三寸之舌，智慧与否，可定成败！

4

好话说不好会适得其反

说话有艺术，生活中好话要说好，好话若说不好，别说达不到预期的效果，而且会适得其反，会变成伤心的话。下面举几个小例子。

小顾是男孩，来自大上海，小梅是女孩，来自淮北农村。七十年代，二人同为工农兵学员，就读于某大学，且同班。

一辈同学三辈亲，同学们之间团结友爱，互相关心，互相帮助，已蔚然成风。一连几天男孩小顾同学患重感冒，连说话声音都有不正常的鼻塞腔。下午课外活动，一群女同学碰到小顾，其中心地善良的小梅出于同学间的关心，问候小顾："听说你病了，不得劲?"毫无思想准备的小顾，突然得到"美女"的关爱，受宠若惊，立即用下放时学到的方言回答："我得劲，得劲。"哪知道此话一出口，气氛大变，小梅突然翻脸，开口骂人，"小顾，你流氓。"遭此反目、奚落，瞬间之事却让生于大上海、来自大上海的小顾同学一头雾水，"丈二和尚摸不着头脑"。

原来南、北方文化间有差异。在北方，"不得劲"表示身体不舒服，或生病了；而"得劲"即"舒服"之意；尤其男子在使用"得劲"二字时当谨慎，用不好，有男欢女爱之嫌，则犯了大忌。难怪来自淮北农村的淳朴女孩小梅发那么大的火。

大学者胡适，学贯中西，长于文章，也善于辞令，但有一次却因恭维话没有说好而讨了个难堪。那是在某个宴会上，胡适先生遇到长他十几岁的齐如山老先生，胡先生想夸齐老身体健康、长寿延年，没话找话地说了这么一句："齐先生，我看你活到九十岁绝无问题。"齐如山老先生愣了一下，然后说道："我倒有个故事，有一位矍铄老叟，人家恭维他可以活到一百岁，他愤然作色曰：我又不吃你的饭，你为什么限制我的寿数？"胡适先生一听急忙道歉："对不起，我说错了话。"

胡适先生的本意是恭维齐老，但齐老已是七老八十的人了，因此用"九十岁"来恭维就不像恭维，不但毫无宽容，倒像诅咒了。可见，好话说不好会适得其反。

说出口前先三思

如果说得再重一些，“拍马屁”也要会拍，否则，拍在马蹄子上，挨踢一脚，还是自己遭殃。

某老板的年轻新秘书，业务熟练，只是说话欠火候，让老板不满意。这天，老板一身新装来上班，灰西装、灰衬衫、灰裤子，红蓝间隔条领带，锃亮的黑皮鞋，搭配高雅；给人的感觉庄重、精神、精干。新秘书见了老板想恭维一下：“李总今天真神气、精干!”老板听了刚咧嘴微笑，紧接着秘书又来一句：“太灰了，像只灰耗子。”老板大不悦。又一天，客户来找老板签字，连连夸奖老板：“您的签名可真气派!”客户走后，秘书又夸老板的字写得好：“老板的签名最潇洒”，但顺便又加了一句问话：“您签名字练了有一年时间吧?”显然，秘书前面恭维老板，“拍马屁”的话说得还不错，只是后面的续话，六个手指挠痒痒——多一道，让它前功尽弃。不到一个月，新秘书便调到一线车间去了。

有时，叙闲话中，即使说实话也不能信口开河，也要想一下再说。

大家一起你一言、我一语，正在夸奖小董的对象人好，长得也漂亮，又懂事，忽然某兄信口开河：她至今还没有工作单位，漂亮又不能当饭吃。一石落地，气氛顿时变得让大伙哑口无言，不知再说什么好。

下面的这个实例更典型。

某大学历史系一研究所所长是男性教授，调到该大学图书馆任馆长，在第一次全馆几十人的职工会议上，他说：“过去我研究死人，现在我管理活人……”这话从实话的角度看没有说错，但他说得不合适，更谈不上有宽容之爱，反而在职工中埋下了矛盾口实的祸根，后来馆里真就有好几位骨干调走，让馆长的工作一度很被动。

说话的水平因人而异。你要把话说好，同样要多思考，勤于锻炼，不断总结经验，在比较中进步。

6

说话要注意场合

说话要注意场合，这是说话艺术中最基本的要求。所谓“场合”即当时、当地的场景，包括人员、说话的主题、目的等。

我国著名的经济学家马寅初先生，新中国成立后担任北京大学校长，第一次给学生讲话，一开口就说，兄弟今天怎么怎么的，结果引得哄堂大笑。为什么？就因为“兄弟今天……”这类表达形式与新中国成立后这种时代条件不合，产生了一种时代隔阂感，使听者觉得可笑。

1957 年周恩来总理《在加德满都市民欢迎会上的讲话》是这样开始的：

亲爱的朋友们：当我们站在这个广场上，同千千万万的尼泊尔人民在一起的时候，过去时代的珍贵回忆就又涌现在我的眼前。虽然在我们两国之间横隔着世界上最险阻的喜马拉雅山，然而我们的人民却自古以来就保持着友好的来往，他们交换了彼此在文化上的创造和在农业和工艺上的成就。（这里，用喜马拉雅山的险阻来反衬中尼两国人民自古以来保持着的友好往来，宽容大度。）

在这一讲话的结尾，周总理说：在我要结束我的讲话的时候，我祝中国和尼泊尔的友谊像联结着我们两国的喜马拉雅山那样巍然永存。

这里又用喜马拉雅山的巍然永存来比喻中国和尼泊尔的友谊的永远牢固。因为是在尼泊尔讲话，用喜马拉雅山来比喻很恰当，但假如换个环境，如在越南，就不恰当了。

说话尤其不要说与当时环境主题不协调的话。有一个关于说话不合时宜的幽默笑话。

儿子结婚，摆了二十多桌酒席，宴请同事和亲朋好友。酒席间，众客人开怀畅饮，气氛快乐，儿子的爸爸更是高兴，司仪就势请他上台讲几句感谢的话。酒壮胆，老爷子居然真的走到台上，原来老爷子是八级钳工，活计干得漂亮，丝丝入扣，技术一流，据说早年手工曾敲出一辆小轿车的外壳，在某展交会上得过大奖。只是他平时不爱讲话，也讲不好话，这次上台讲话是他一生中的第一次。酒精烧得满脸通红的父亲说：“结婚…喝酒…高兴…那么…今天…欢迎大家…吃饱它…喝足…祝小辈们过得好……我不会讲话…说不好…像羊拉的屎蛋子…断断续续…一粒…一粒…不合大家胃口了…谢谢大家…请慢用。”

实际上，拉拉杂杂的这番话，尤其不恰当的羊屎蛋子比喻让宴席上的众宾客大倒胃口，与主题环境大相径庭。显然，父亲在儿子喜宴上的这番讲话是失败的。

7

说话要注意对象

说话要注意对象是说话艺术中最重要的技巧。所谓根据对象说话，就是要注意交际对象的文化背景，交际对象的个人情况，如性别、年龄、文化教养、知识水平、生活经验等。实际上这就是人们用来形容灵活的人，常说的那句带有贬义色彩的话：那个人头脑活络，见什么人，说什么话。其实，人们之间的对话交流，人人都应该是“见什么人，说什么话”的。相信没有人会和一个傻子谈论宇宙飞船上天的事，否则说明那个人的智力也有问题。

说话是一定要注意对象的。比如女性怕听到“老”字，“老”字意味着红颜已退，鲜花枯萎，说一个大龄女子老了，常常会刺痛她的心。中年以上男子可以互称“老张、老李”，中年女子之间就很少用这种称呼，她们常把姓氏前面的词头“老”跟形容词“老”联系起来。一个未出嫁的姑娘，你叫她大嫂，她心里会有说不出的不快。

比如青年人向老年人问路，要有礼貌，称“老人家”，若你不称呼他，或开口一个“哎”，可能他就会心里不愉快，或很不愉快，这路大多问不成。

比如对文化程度高的人，说话时书面色彩可重一些，可用一些成语、文言成语、专业词语等。而对文化程度低的人则尽量用通俗的话来说。有一个流传很广的古代故事：

某天，有一个秀才上街去买柴，他对卖柴的人说：“荷薪者过来！”

卖柴的人听不懂“荷薪者”（担柴的人）三个字，但是听得懂“过来”两个字，于是把柴担到秀才前面。秀才问他：“其价如何?”卖柴的人听不太懂这句话，但是听得懂“价”这个字，于是就告诉秀才价钱。秀才接着说：“外实而内虚，烟多而焰少，请损之。(你的木柴外表是干的，里头却是湿的，燃烧起来，会浓烟多而火焰小，请减些价钱吧。)”卖柴的人因为听不懂秀才的话，于是担着柴就走了。

这个《秀才买柴》的故事嘲笑了说话不看对象的秀才。秀才满口文言，农人不能理解，这买卖当然就不能成交了。

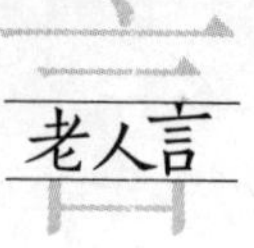

说话还要注意对方的心理需要

同样的话语因心理的不同也会有不同的理解与体验。

某局长大病初愈后请了一桌客人以示庆贺。一位青年在席间说:“局长,您年纪这样大了,又体弱多病,还坚持工作,真是鞠躬尽瘁啊!”局长白了他一眼,转头向众人说:“早就有人劝我退休,说我一大把年纪,体弱多病,占着茅厕不拉屎。哟,我不是康复如初么?再干三两年也不迟吧!哈哈哈!”这青年人的本意是夸局长兢兢业业坚持工作,却没有悟透局长请客的真意和局长当时的心理,一句话搞了个不愉快,马屁拍到了马蹄子上。

北京协和医院原神经科主任李舜伟教授,是一位治疗失眠症的著名专家。他每次接诊失眠症患者,为了找出失眠的原因,对症下药,每一次与每一个病人都要通过耐心细致地谈话,甚至是聊天来掌握情况,那真是:二两棉花一张弓——慢慢“谈”(弹)!一次一位两个月无法入睡、严重失眠的大学四年级学生来看他的专家门诊,之前这位大学生已经看过多家医院,也吃过许多药,没有疗效。李舜伟教授与这位谈话对象、大四学生通过几十分钟细致地聊天,有了一个重点发现,原来这个大学生有一个谈了两年的女朋友突然结婚,而站在女朋友旁边的男人却不是他自己,这让大四学生意料之外,因受不了引起的心理影响造成他严重失眠。李教授的一剂“药方”很宽容,只有短短四个字:“再找一个。”青年大学生,一笑了之,良“药”到,顽疾除。这就是专家医生“说话要注意对象”的神奇疗效!

9

说话交流以情动人

权延赤写的《走下神坛的毛泽东》一书中，毛泽东主席的卫士长李银桥同志有这样一段回忆的语言：

1962 年，我要离开毛泽东去天津工作了。……我站在毛泽东床前，他用一只手拉住我的手，另一只手在我的手背上轻抚，就这么无言地守着，谁也不说话。

我先哭了，我一哭，毛泽东也落泪了。我抽泣着说：“当初我不愿来，你借我来，现在我不愿走，你又撵我走。你这不是难为我吗?”

毛泽东流着泪叹息：“我也舍不得你走啊。我和我的孩子，一年见不上几次面，只有我们是朝夕相处，你们比我的孩子还可亲，可是，我得为你们的前途着想，我不能误你的前途，卫士长，地位够高，可也只是团级干部，职务低了……”

“我不嫌低，我不要离开您。”我哭出了声。

毛泽东用手一拉，把我一下子揽入怀中，抱紧我放声大哭：“银桥，我死以后，你每年到我坟前来……看看。”他不停地用手拍着我的后背，说不出一句完整的话。

上面这段话，许多人读后非常受感动，甚至热泪盈眶。为什么呢？其根本原因就是他们的对话交流，表露了真实诚挚的情感，展现了伟人和普通人的真情美。唯有发自内心深处的真情语言交流才能使人产生心灵的震颤!

10

多说宽容一些的话

由于青年人激情大，办事风风火火，喜欢爽快，不喜欢拖泥带水，因此说话过程中，稍不如意，伤感情的冲撞硬话也就难免容易出现。我们说，同样一句话，好话也是说，歹话也是说，解释一下往往同样都能达到目的，因此说话时请尽量不要冲撞人，尽可能多说宽容一些的话。

某新任中文系主任，青年博士后，办公室新配一台电脑，忽一日加班统计急要的数字，电脑出故障。青年系主任电话打到设备处，要求更换电脑。值班员解释：新机子一般不会有问题，可能是自己安装的软件有问题，我们派人去检查；即使机子有问题，也要返还厂家。青年系主任不依不饶说：我们在急用，不要这台电脑，再换一台新电脑。“谁说话这么牛，这么硬”，坐在电话机旁的年轻的设备处副处长听不下去了，接过电话七个字：“没有新的，不要算！”这下好了，一件小事，硬碰硬，几句话，弄得两个部门的领导都不开心。

设备处的处长年纪大，经验多一些，知道有了“疙瘩”就要“消肿”，如同皮肤发炎肿了要消肿一样，否则可能还会恶化。一件工作上的小事，这么僵了不好，于是他立即主动打电话给年轻博士后系主任：都是工作，小事情，别误会，先把我办公桌上的电脑搬去用，你们的那台电脑送到处里检查。青年系主任以为设备处长使用的电脑一定是性能最好、最新配置的，其实设备处长使用的电脑还不如中文系那台新电脑性能好；而中文系新配的那台电脑一检查也没有坏，只是装了两家的杀毒软件不兼容，互相“打架”，去掉一个就行了。误会消除，矛盾化解，皆大欢喜。

可见青年人说话，不要话撵话，话顶话容易“反呛”。同样一句话要慢慢说，说好它，解释清楚，言语宽容一些就不容易产生误会。

一个有修养的人，说话会有气度，有度量。生活中，锅碗瓢勺麻辣烫，难免磕磕碰碰，对于它们中鸡毛蒜皮的小事可以装糊涂；对于无对无错之事可以和稀泥；有时一句“我忘了”，“那是开玩笑”，“我酒喝多了，有点醉”的话，都能化解矛盾与误会。也许这算得上是高明的说话艺术。

11

说话尽可能富有艺术性

保持良好的口头说话本领，说话者应该具有主动驾驭、把握说话表达语言的能力，在说话与环境协调的基础上，使说话尽可能富有艺术性，或风趣幽默，或机智、善变、恰当、得体，则效果就好，办事情就容易成功，容易达到目的。

一个广为传诵的例子，就是文学名人林语堂先生那个著名的一句话幽默演讲：

有一天，台北的一所大学邀请林语堂先生去参加毕业典礼，他推辞不掉，只得前往。典礼隆重，嘉宾云集，人人都要讲话，有些人讲得老长，像老太太的裹脚布。轮到林语堂讲话时已经中午11点半，人们都感觉肚子有些饿了，他也同样等得心急如焚，这时，站起来的他，不慌不忙地走到讲台前，等“噼噼啪啪”的掌声停歇后，清清嗓子说：“绅士的讲演，应当像女士的裙子，越短越好。”

全场稍一愣神，学生们回过味来，哄然大笑，来宾们大笑，教师、校长也大笑，刚刚走下台去的演讲者，来不及抹一下大汗淋漓的脑袋也跟着大笑不止。林语堂说的是一句简单幽默、富有艺术性的妙语！如今，这句话早已成为众人皆知的经典名言了。

说话要尽可能避免误会

因说话引起的误会，往往都是瞬间无意中发生的，为防止出现误会，说话者要注意环境和对象，不要大大咧咧脱口而出。

某君赴宴迟到，匆忙入座后，看到面前有一只烤乳猪，于是大为高兴，脱口而出："还算好，我坐在乳猪的旁边。"话刚出口，才发现旁边的一位胖女士怒目而视，他急忙赔着笑脸说："对不起，我是说那只烧好了的。"胖女士大怒，指着该君大骂不止。一句话引起的误会，使宴会由欢而悲。

13

问话有技巧

问话，或提问，是一种常见的语言行为。这种语言行为虽然人人都有，张口就成，却有着文野之分，巧拙之别。因此谈话应该讲究提问的艺术与技巧。

提问通常有两种情况：一种是对某种情况或某个问题不太熟悉，通过发问来了解，这叫探求性询问；另一种是为了一定的目的启发对方思考某个问题，通过提问把对方的思路引导到某一个方面来，或使交谈者向着有利于自己的方向发展，这叫机智性巧问。

问话中有艺术，有技巧，一般要注意以下几点：

（1）提问要看对象、场合。提问应该因人而异。比如对几岁小孩可以问“你几岁了？”而对老人则不可以这么问，应问“您今年高寿？”等。

（2）提问要有诱发力，设法激励对方的回答欲望。

（3）提问要以少胜多。日本学者铃木健二说：“提问越短越好，而引发的回答越长越好。”如果问话的话语比回答还多，那么这问话十有八九是失败的。

（4）提问要看准时机。孔子在《论语·季氏篇》里说：“言未及之而言谓之躁，言及之而不言谓之隐，不见颜色而言谓之瞽。”不该说这话的时候却说了，叫做急躁；应该说这话的时候却不说，叫做隐瞒；不看对方脸色便贸然开口，叫做闭着眼睛瞎说。孔子讲的就是要求人们根据时境把握说话的实际。

除了直接提问之外，关于提问的技巧有很多，仅举例一二。

(1) 注意式提问，在于强调问话的效果。如战前动员会上，首长讲话意在给大伙鼓劲，他适时地大声问道：同志们完成任务有没有决心？士气高昂，群情振奋，必答：有！

(2) 提醒式发问。如自己的课本不知丢哪里了，问邻桌：你没有见我的英语书吧？这种发问表面上说的是“没有”，实际上是问“有没有”，这样谨慎而有分寸的问法，在交谈中显得较为得体，不易引起对方的反感，又能达到目的。

(3) 暗示诱导提问。通过提问来暗示、诱导对方朝自己所需要的方面思考，从而达到目的。如老张到老李家串门，夜已深，老张谈锋犹健，无离去之意。老李想逐客，于是有意转换话题，用暗示诱导的方式问老张：“明天你上班吗？”老张一听，意识到老李的真实意图，很快知趣告退。

在日常的人际接触中，暗示诱导提问策略备受人们的青睐，它曲折委婉，既有问者主动，又不失文雅，有一种含蓄的美。

(4) 隐蔽真意的问话。将真意隐蔽在相关的问句中，通过对方对相关文句作出的反应，得到所需要的回答。如，甲乙两个相遇，甲想问乙的父亲是否还健在。可如果直接问：“你父亲还健在吗？”或者带上礼貌词语，如说：“令尊大人还健在吗？”都会显得不礼貌，犯忌讳。这时可以将这个问题隐蔽在另一个问题之中。如问：“令尊大人今年高寿多少？”如果对方针对问题未知成分回答多少岁，那说明他的父亲健在；如果对方的父亲已经去世，他就不会回答“多少岁”，而会说明父亲已经去世。

14

答话的技巧

回答问话要注意以下原则：

首先要清楚提问者的用意和动机。

一般说来，总是问者主动，答是被动。高水平的答话决不能简单地怎么问就怎么答，要针对问者的真实目的答话。如，在一次记者招待会上，一位西方记者向周恩来总理提了一个不怀好意的问题：“请问，中国人民银行有多少资金?”“中国人民银行货币基金嘛，有 18 元 8 角 8 分。”明知对方讥笑中国贫穷，周总理出其不意地报了这个特殊的数字。接着周总理说道：“中国人民银行发行有面额为 10 元、5 元、2 元、1 元、5 角、2 角、1 角、5 分、2 分、1 分的十种主辅人民币，合计 18 元 8 角 8 分。中国人民银行是由中国人民当家做主的金融机构，有全国人民作后盾，信用卓著，实力雄厚，它所发行的货币，是世界上最有信誉的一种货币，在国际上享有盛誉。”显然，周总理的回答既机智又巧妙。

其次答话应具有灵活性。

答话应随机应变，突破提问者的控制，使自己主动。例如，巩俐因饰演电影《红高粱》的女主角一炮打响后，引起了世人的注意。当《红高粱》在香港第一次放映时，首映式上有位香港记者在采访她的时候问：“你对自己的相貌如何评价?”记者要巩俐自己评价自己的相貌，巩俐的确有点为难，不管她回答自己的外貌漂亮还是不漂亮，都有可能引起麻烦，而且还会把自己推入难堪的泥潭。这时巩俐灵机一动，指着自己的小虎牙笑着说：“我觉得我的牙齿很漂亮，因为它与众不同嘛。”这个回答确实高明、巧妙！

答话中有艺术，有技巧，一般要注意以下几点：

(1) 可以正面回答。针对问题，直接回答，只要观点鲜明，就能抓住要害。

(2) 可以含蓄巧答。

在一次小型联欢会上，观众席上有一位女子问著名演员赵本山："听说你在全国笑星中，出场费是最高的。是吗？"这个问题在这种公开的场合无论是作肯定还是否定的回答都有诸多不便。赵本山应变能力极强，毫不犹豫地采用迂回转换、含蓄巧答的方式把话题转向了另外的方面。

赵本山说："您的问题提得很突然，请问您是哪个单位的？"

"我是大连一个电器经销公司的。"那位女士说。

"你们经营什么产品？"赵本山问。

"有录像机、电视机、录音机等。"女子答道。

"一台录像机卖多少钱？"

"四千元。"

"那，有人给你四百元你卖吗？"

"那当然不能卖，一种商品的价格是由它的价值决定的。"那女士非常干脆地回答他。

"那就对了，演员的价值是由观众决定的。"

显然赵本山的回答很巧妙，既避开了正面回答，又不使人感到牵强，从而使问答话的气氛仍然保持轻松、和谐。

(3) 可以借比喻回答。

在第48届纽约国际笔会年会上，我国著名作家陆文夫走上讲台侃侃而谈。突然，台下有人问："陆先生，您对性文学怎么看？"陆文夫镇定自若地清了清嗓子答道："西方朋友接受一盒礼品时，往往当着别人的面就打开来看，而中国人恰恰相反，一般要等客人离开后方打开盒子。”

这个比喻式的回答，幽默生动，含蓄简练，高明而巧妙！

（4）转移式的回答。

清代的东阁大学士刘墉（刘罗锅）是个足智多谋、说话风趣幽默的人物。有一次乾隆皇帝问刘墉：“你说一年生多少人？死多少人？”刘墉两眼一转说：“生一个，死十二个。”这个数字明显与常识不合，吸引了乾隆的注意。乾隆问：“国家这么大，人这么多，怎么说生一个，死十二个呢？”刘墉连忙解释说：“万岁想想，我们国家再大，生得再多，一年也就一个属相，一年死得再多，也离不开十二个属相啊！”乾隆听了哈哈大笑：“你这个刘墉啊，我算服了你！”说着立即赐御酒三杯。

刘墉睿智，很会说话。据说有一次几个太监拦着刘墉，缠着要他讲故事，刘墉反感这几个爱打小报告的太监，又不便得罪他们，加之有事要办，想急于脱身，就灵机开口：“从前有几个人……”接下去刘墉停下来不再讲话了，太监们等急了要听下面的故事，催刘墉快讲，刘墉说：“下面没有了……”太监们自讨没趣。

这个转移式的回答，既含蓄又辱骂、讽刺了那几个烂太监。

（5）辩证分析作答法。曾有青年问刘吉：“你欣赏老黄牛还是千里马？”刘吉答道：“我们的时代需要老黄牛的精神，千里马的速度。”青年的提问是一个限选问，但若按常规回答欣赏老黄牛，或回答欣赏千里马都不严密，都会受制于人。刘吉巧妙地跳出对方的现选，采用辩证的答话方式，答得机智，答得耐人寻味。

（6）假言巧答、避实就虚法。有一次，皇帝与阿凡提一起散步。当他们走到一个池塘边时，皇帝说：“阿凡提呀，人们都说你很有智慧，现在我来考考你，你说这池塘里的水有多少桶呢？”阿凡提答道：“陛下，如果这个桶有池塘大的话，就只有一桶水；如果这个桶有池塘的一半大的话，就有两桶水；如果这个桶有池塘十分之一大的话，就有十桶水……”你看，这种假设话语式的回答多么巧妙。

下面这个例子说的是乾隆游江南的故事。

乾隆途经镇江，想登金山一览江天景色。金山寺一位老和尚陪着他登高望远，乾隆兴致甚高，问老和尚道：“你看大江之中，风帆片片，烟波浩渺，你知道这江上来来往往有多少风帆？”老和尚微闭双眼，悠悠启齿：“万岁，以贫僧所见，只有两张风帆。”乾隆一听十分诧异，忙问：“为何只有两张风帆？”老和尚沉沉地说：“一张帆为名，一张帆为利。”乾隆听了赞叹不已。

“多少风帆”实在难以实答，可老和尚答得避实就虚，既切合自己作为佛门弟子的身份，又语意玄妙高深。妙哉！难怪连乾隆皇帝听了也点头称是。

15

听话的技巧

除了上面介绍的问话与答话的技巧，其实在问话与答话之间还有一个环节不可忽视，那就是听话也有技巧，这里提示几点。如听话首先要尊重对方，要认真地听，尽可能及时作出呼应，要准确把握对方话语的含义，不要随便打断别人的话语等。这里举一个因没有耐心听客户说话，客户认为不尊重他而造成一次商业销售失败的例子。

美国汽车推销之王乔·吉拉德曾有一次意外的失败。一次，某位名人来他的店里买车，一来作为礼物给儿子奖励，同时想给考上大学的儿子代步。乔·吉拉德推荐了一种最好的车型给他。那人对车很满意，并当场掏出银卡，准备划出 1 万元作定金，眼看就要成交了，对方却突然变卦而去。

乔·吉拉德为此事懊恼了一下午，百思不得其解。到了晚上 11 点他实在忍不住了，决定给那位买车人打电话："您好！我是乔·吉拉德，今天下午我曾经向您介绍一部新车，眼看您就要买下了，却突然离去，为什么？"

"喂，你知道现在是什么时候了吗？"

"非常抱歉，我知道现在已经是晚上 11 点钟了，可是我检讨了一个下午，痛苦无比，不知道在哪儿得罪了您，我实在想不出自己错在哪儿，因此特地打电话向您讨教，请您不要生气。""真的吗？"乔·吉拉德是一位涵养很高的人，宽容大度，他用理解的口吻说："肺腑之言。""很好！你用心在听我说话吗?”乔·吉拉德：“非常用心。”

紧接着，立即听到买车人的大声：“可是今天下午你根本没有用心听我说话。就在签字之前，我提到我的儿子吉米即将进入密执安大学念医科，我还提到他的学科成绩、运动能力以及他将来的抱负，我以他为荣，但是你毫无反应。”

乔·吉拉德不记得对方曾说过这些事，因为他当时根本没有注意。乔·吉拉德以为已经谈妥了那笔生意，他不但无心听对方再说什么，反而在听办公室内其他几位推销员讲笑话。其实，那人除了买车给儿子，同时希望听到对于一个优秀儿子的称赞，让人分享他的快乐，可是没有回应，这就是乔·吉拉德意外失败的原因。

耐心地倾听，让对方把话讲完，这是对别人的一种尊重与理解，也是减少意外失败的一个经验。

一段时间以来，社会上曾流行关于说话的小段子：急事，慢慢地说；大事，清楚地说；小事，幽默地说；没把握的事，谨慎地说；没发生的事，不要胡说；做不到的事，别乱说；伤害人的事，不能说；讨厌的事，对事不对人的说；开心的事，看场合说；伤心的事，不要见人就说；别人的事，小心地说；自己的事，听听自己的心怎么说；现在的事，做了再说；未来的事，未来再说；如果，对我有不满意的地方，请一定要对我说！

总之，小心地说话，慢慢地说话，把话说好。说话包括问话、答话、听话，是一门充满智慧的艺术。成功离不开会说话！

16

良药不必苦口

说话中，最难说的话就是关于批评人的话，但是生活中却又离不开它。例如名言“良药苦口利于病，忠言逆耳利于行”，“惩前毖后，治病救人”说的就是针对逆耳之言的。

我曾读过一个很好的故事。

约翰·卡尔文·柯立芝于1923年成为美国总统，他的女秘书，人虽长得漂亮，但工作中却常常粗心而出错。一天，柯立芝看见女秘书走进办公室，便对她说：“你今天穿的这身衣服很漂亮，正适合你这样漂亮的小姐。”总统的赞美，简直让她受宠若惊。柯立芝接着说：“但也不要骄傲，我相信你同样能把公文处理得像你一样漂亮。”果然从那天起，女秘书在处理公文时精心操作，很少出错了。后来朋友知道了这件事，问柯立芝：“这个方法很妙，你是怎么想出的？”柯立芝笑了，说：“这很简单，你看见过理发师给人刮胡子吗？他要先给人涂些肥皂水，为什么呀，就是为了刮起来使人不觉痛。”

故事中含有一个睿智的道理；那就是：“良药未必非要苦口，忠言未必非要逆耳。”的确，可以给苦药包上糖衣，可以给忠言加上装饰。换言之，说批评的话更需要讲究艺术。

17

晓之以理，动之以情

表面看来，说批评的话是“挑刺”，其实，那只是批评的表象部分。真正高明的批评，更多的是它目的内涵中的交流、引导和印证。尽管批评之言有时缺少宽容，多以“尖刻”面目出现，但从本质上看它常常并非对抗性的行为。高水平的“批评”活动实际上是一种有质量的对话，一种感应，一种审读和再创造。

俗话说：好话一句暖三春。和颜悦语，无论于日常生活，还是家国大事，都有不尽的受用。无论是评还是批，关键都在一个理字和一个情字。常言道，有理不在言高，精诚所至，金石为开。在理在情的批评，甚至点到为止，只言片语，就能令人反思、心悦、诚服。

历史上很多智人谋士，都善用引导之言，隐含“批评”，终达目的。如触龙说赵太后，极其典型。

秦国进兵赵国，赵国向齐国求救兵，而齐国一定要长安君当人质才肯出兵。长安君是赵太后的小儿子，当时赵太后当权，不肯答应。大臣们轮流谏劝，都被太后顶了回去。无奈左师触龙出面劝说。那时太后正在气头上，背对着他，几乎有“骂人”的气势：“有复言令长安君为质者，老妇必唾其面。”。触龙进来慢慢坐下，先与太后聊些身体吃饭之类的家常，又慢慢将话题转到子女上，取得太后共识后，才顺理成章道出爱子女要为他们的长远利益考虑的道理，说明出齐当人质正是长安君建功立业的好机会，是为将来自立打基础，终于劝动了太后。

触龙之言，妙在毫无批评之语，却晓之以情理，终而得到希望的结果。

18

批评学生的原则

好话暖心，恶语伤人，能说好批评的话就可以将批评转化为动力；确实，批评的话是不好说的，生活中的许多失败、反呛往往是由于说不好批评话引起来的。关于批评的艺术，这里以青年教师批评教育中学生为例列出一二。

（1）批评是一种开导。批评的语言采用开导式、启发式效果好，让批评对象从情感上易于接受。例如，对经常打架的学生可以这样说：“你看，刚才你的一拳头，不但打伤了同学的身体，还伤了同学的心，这样做，其他同学还愿意和你交朋友吗？你说今后该怎么做呢？”若用生硬的批评话语：“你的行为真差劲，以后再不许打人！”这种命令式的批评效果肯定不如前者好。

（2）批评要言之有理。说批评的话要摆事实，讲道理，以理服人，语气尽量温和，这样易于减低对抗心理，接受批评。例如，对于学生上课随便讲话，影响教学的现象，老师批评时可以说：“由于你讲话，不但使自己学不到知识、本领，而且影响了其他同学听课，也影响了老师上课的情绪，破坏了课堂气氛”，让学生能从心里认识自己的行为给班级集体造成的不良影响，从而促使其改正错误。

（3）批评尽可能有技巧。德国著名演讲家海茵兹·雷曼麦说：“用幽默的方式说出严肃的真理，比直截了当地提出更能为人接受。”批评学生也是如此，板着面孔说教，很多时候，效果并不理想。用幽默的方式批评学生，能使问题点而不破，很容易被学生接受，有利于问题的解决。

数学课上，老师正在板书，一个学生随意地用笔在桌上敲打起来，老师立即停下了板书，诙谐地说："同学们，数学课是不是需要伴奏的。"

老师的幽默逗笑了学生，敲打声也悄然隐去。

"一把钥匙开一把锁"，著名的教育家马卡连科曾经说过："得不到别人的尊重的人往往有最强烈的自尊心。"美国著名的管理家雅柯卡也说过："表扬可以印成文件，而批评打个电话就行了。"这就是说，含蓄而不张扬的批评有时比那种电闪雷鸣式的批评效果结束会更好。